エキゾチックペットの命を守る本

もしもに備える救急ガイド

著　サニー カミヤ
監修　小沼 守

緑書房

はじめに

本書の主題であるエキゾチックペットの話題に入る前に、私がペットの救命救急や防災対策に力を入れることになった経緯を簡単に述べます。

私は、福岡市消防局のレスキュー隊員として経験を積んだ後、30歳でアメリカに渡りました。ニューヨーク州の救急隊員として働くことになったのですが、その消防局では、ペットの救命法や捕獲の方法などを当時からすでに取り入れていました。そのとき、日本にもペットレスキューを学ぶ仕組みが必要ではないか？　という問題意識を抱いたのです。

具体的なカリキュラムを探したところ、ペットテック社（アメリカ）が開発したペットの救命救急・防災対策プログラム「ペットセーバープログラム」に出会いました。このプログラムは、消防士や救急隊員だけではなく、飼い主も学ぶことができるものです。私も受講し、ペットレスキューのための知識や技術をあらためて体系的に習得し、日本で最初のインストラクターになりました。

そして、ペットの救命救急や防災対策の普及に取り組むことにしたのです。具体的には、日本国際動物救命救急協会を立ち上げ、2013年より「ペットセーバー講習会」を全国各地で展開してきました。主な受講者は犬や猫の飼い主および動物事業関係者で、2024年3月現在約8万人に上っています。

講習会は、①ペットセーバーベイシック&アドヴァンス講習（ペットの救急隊員講習）、②ペットのレスキュー隊員（ペットセーバーERT：Emergency Rescue Technician、救急救助員）の2部で構成しています。①では、ペットの救命救急法や災害対策の基礎全般について、座学と実習を交えて伝えています。また、全課程修了者には国際認定修了証書を発行し、ペットの命を守るヒーローは飼い主自身であるという強い自覚を持ってもらうようにしています。②では、自然災害に遭遇した場合にどうやって自身とペットを守るのかについて実践的に掘り下げています。

さらには、ペットセーバーに関する学びを深め、しっかりと定着させてもらうことを目的に、2021年に『ペットの命を守る本』を緑書房から出版しました。この本は、「ペットセーバープログラム」の内容を軸としつつ、犬と猫の救命救急・心肺蘇生のガイドライン「RECOVERガイドライン」と「CPR（心肺蘇生法）ガイドライン」の知見を組み込み、各種災害対策についても環境省のガイドラインなどを参考にしながら詳細にまとめたものであり、たくさんの人に活用されています。

そのように、犬や猫の命を助けるための講習会で全国を飛び回っているうちに、ウサギや小鳥など「エキゾチックペットについても教えてほしい」という声がたくさん寄せられるようになってきました。私は「ペットの命を守る」ことをテーマに活動しているわけですから、犬と猫に限定するわけにはいきません。

そこで、『ペットの命を守る本』の監修者であり、日本国際動物救命救急協会の動物救護アドバイザーも務めていただいている小沼守先生に、エキゾチックペットに特化したセーバープログラムの構築をお願いしました。小沼先生はベテランの臨床獣医師であり、エキゾチックペットの診療や研究の経験も豊富で、千葉科学大学でペットの災害対策や危機管理、災害救助犬などの研究も進めている専門家です。２０２1年にそのプログラムができあがり、「エキゾチックペットセーバー講習会」を全国各地に広めているところです。

本書『エキゾチックペットの命を守る本』は前書と同様、「助かる命を助ける」ための実践的な内容をふんだんに盛り込んでいます。もちろん、犬や猫とは異なるエキゾチックペット特有の事情がありますので、それら課題についても幅広く考察しています。

第1章と第2章では、普段からの健康管理を総論的に述べたうえで、命のバトンをつなぐために最も大切な救命の連鎖を説いています。心肺停止など、ペットの命に関わる危機に遭遇したとき、どのように対処すればよいのか、動画も用いながら詳細に解説しています。ここで取り上げている呼吸困難や虚脱、発作、尿の異常などの救急疾患、骨折、やけど、感電などの日常生活で起こりうる事故に対し、すみやかに対応するための知識を備えることは、飼い主としての責任ともいえます。

第3章と第4章では、地震、水害・台風、噴火への備えと発生時の対応、同行・同伴避難に関する問題を扱っています。本書制作中にも令和6年能登半島地震が発生しました。高齢化が進む地域でありながら、ペットと同伴避難できる指定避難所はほとんどなく、これまでの災害と同様、多くの飼い主が車中避難を選択しているという問題が浮き彫りになっています。迷子ペット、置き去り事例なども過去の災害ではたびたび見受けられていますが、いざというときに大切なペットを守るためには、日頃からの備えがきわめて重要であることはいうまでもありません。

ペットは家族であるという社会的な認識が定着し、動物愛護への意識も高まっています。しかし、災害時における人とペットの同行・同伴避難については依然として課題が多く、エキゾチックペットではなおさらであることから、さまざまな側面から「飼い主ができること・しなければならないこと」を考察しています。あるいは、甚大な災害が発生すれば、地域の動物を支える施設も被災し、動物医療体制やフードなど物資の流通に支障をきたすかもしれません。そんなとき、かけがえのない命を助け、身体的・精神的な健全さを守ることができるかどうかは、飼い主にかかっているのです。

いざというときに、できるだけ冷静さを保ちながら、あきらめずに救える命を救うのはみなさん自身です。万が一、ペットが心肺停止などの緊急事態に陥ったとしても、あるいは災害時にいざ避難しなければならない状況になっても、ひるむ必要はありません。本書の内容を理解し、練習やシミュレーションを繰り返すことで、みなさん自身がペットの救急隊員になれるのです。

本書の内容には獣医学的な重要情報が多く含まれることから、前書に続いて小沼先生に監修をお願いしましたが、その範囲を超えて、共著者ともいえる役割も果たしていただきました。第1章から第2章の獣医学的な内容や第4章の避難所における感染症対策などについて、専門的見地から詳しく解説していただいています。

さらに、第3章内の「熊本地震におけるウサギの被災状況と今後の課題」は、中田至郎先生（熊本市、水前寺公園ペットクリニック院長）にご執筆いただきました。同院に通うウサギの飼い主さんの協力のもと、震災の実態や発災後の課題、その後の取り組みがまとめられた、とても貴重な情報です。中田先生ならびにご協力いただいたみなさまにこの場を借りてお礼申し上げます。

本書は小型哺乳類、鳥類、爬虫類の情報を取り上げていますが、日本で飼養されている種類は膨大であり、それぞれの生理・生態についても不明点が多くあります。当然、救急対応や治療についても確立されていないことが多々あります。加えて、犬や猫にくらべて社会的な認知度や受容度が低いという課題も残ります。現状で不足している部分については、これらペットを愛するみなさんと一緒に知見や経験を蓄積しながら改善していければと考えています。

いざというときは、突然やってきます。そんなときには、誰よりもそのペットを愛しているという自信とほんの少しの勇気を胸に思い切って行動してください。もちろん、すべての命が救えるわけではありません。しかし、事前準備も含めて、できるだけのことを精一杯することが、「何もできなかった……」という後悔を生まないことにつながります。あなたの大切な家族であるペットの、そして、誰かの大切な家族であるペットの命を助けるためにできることはたくさんあります。

さぁ、助かる命をみなさんの手で助けてあげましょう！

一般社団法人 日本国際動物救命救急協会　代表理事　サニー カミヤ

目次

第2章 救急疾患と日常の危機に対する応急処置

第3章 エキゾチックペットの防災対策

第4章 エキゾチックペットの同行・同伴避難

第1章

EXOTIC PET FIRST AID
FOR EVERYONE, EVERYWHERE

エキゾチックペットの救命救急法

エキゾチックペットとは、「舶来」または「外来」の愛玩動物という意味であり、日本では犬や猫以外のペット（小型哺乳類、鳥類、爬虫類など）の総称として使われています。本書ではなかでも、ウサギ、モルモット、デグー、チンチラ、フェレット、シマリス、ハリネズミ、ハムスター、フクロモモンガ、小鳥、カメ、トカゲなどを対象に解説していきます。

第１章では、エキゾチックペットの飼養管理上の基本的な注意点を整理したうえで、ペットに対し救命処置が必要になった際の手順などについて解説していきます。

1 日常の注意点

1.「助かる命を助ける」ヒーローは飼い主自身

目の前のエキゾチックペット（犬や猫と区別する意図を除き、以後はエキゾチックを省略）が心肺停止状態になったらどうしますか？

その場で最初に行わなければならないことは、搬送手段の確保と動物病院への連絡です。そして、ペットに対する救命処置を継続しながら動物病院に搬送し、獣医師へバトンタッチします。その獣医師への救命処置の連鎖（リレー）ができるようになれば、助かる命が今よりもずっと増えるのです。事故が発生したとき、その場にいる飼い主が迅速な救命活動を行えば、尊い命を救うことができます。「助かる命を助ける」ために、最善を尽くさなければなりません。

ペットにとって飼い主はヒーローです（図1）。危険な状態に陥ったペットを助けるこ

図１：命を助けるヒーローになろう

とができるのは飼い主しかいません。愛するペットを守るために、救命救急法についての正しい知識と技術を身につけてください。

2. 飼養管理の基本と危機管理

❶環境を本来の生息条件に近づける

動物は、それぞれの生息地の環境（空気、水、光、気圧、温度、湿度、土壌など）に適応して暮らしています。体の構造や機能など、それぞれの自然環境で生き続けるための仕組みが遺伝子に備わっています。

一方、ペットは人工的な環境で生活を送ることになりますので、飼い主は適切な環境整備や栄養管理を図らなければなりません。飼養環境を生息地の条件に最大限近づけ、本来の食性に基づいたフードをライフステージなどに応じて給与し、それぞれの習性に配慮した快適な環境を保つことが、ペットの心身の病気やストレスから来る不調の予防につながります。

❷健康観察を習慣とし、わずかな変化にいち早く気づいて対応する

私たち人間や犬・猫と同様、エキゾチックペットにおいても、体調の変化に対しては早期発見・早期対応が大切です。早期に発見するほど悪化が予防でき、病気が治る確率が高まり、心身への負担が軽く済みます。しかし、エキゾチックペット特有の難しさがあります。

エキゾチックペットのほとんどは被食動物（食物連鎖において、天敵などに食べられる立場の動物）です。そして自然界においては、病気やケガなどで弱っていると格好の標的になってしまいます。そのため、動物たちは体の不調やケガなどを本能的に隠そうとしますが、被食動物ではその傾向がさらに強まります。さらに、エキゾチックペットの多くは、飼い主であっても表情を読むことが難しいですし、犬のように人と密接にスキンシップを取ることを好みません。つまり、飼い主が容易に気づく明確な変化がみられたときには、病気がかなり進行しているおそれがあります。

よって、フードの給与や掃除などの日常的な世話をしっかりと行うことは当然のこととして、毎日世話をしながら行動をよく観察し、スキンシップを取ることができるなら体をなでるなどして、微細な変化にも気づいてあげられるように心を配ってください。変化に気づいたら、それがわずかなものであっても放置せずに、かかりつけの動物病院に相談してください。そして、定期的に健康診断を受けることが、一緒に長く、幸せに暮らすコツ

となります。健康診断の頻度の日安としては2カ月に1回程度となりますが、動物種や年齢、健康状態などによって異なります。

読者（動物種）によっては、「動物病院にかかったことがない」という方もいるかもしれません。しかし、いざというときに備え、頼れる動物病院を必ず確保しておいてください。エキゾチックペット専門の動物病院が第一候補となりますが、犬や猫の診療に加え、そのほかの動物の診療にも力を入れている病院がありますので、自身が飼養している動物種が診療対象になっているかを確認し、相談するとよいでしょう。

図2に各動物の代表的な病気を示します。病気の種類はこれ以外にもたくさんありますが、ここには最低限の項目だけをあげています。これを参考に飼養しているエキゾチックペットについての情報を収集し、チェックポイントを編集して、日々活用できる観察記録簿を作成してみてください。

また、**図3**に日々の健康観察のポイント例を示します。これらの項目に異変がないかどうか、ペットの体や行動、飼養環境を注視してください。ここにあげた項目に少しでも異常があったり、あるいはそれ以外でも（たとえば、鳴き声がおかしいなど）異変がみられたら、すぐに必要な対処をしながら動物病院を受診しましょう。

さらには、自らもその異変の原因について調べてみてください。具体的に調べてみるこ

ウサギ

□毛球症
□不正咬合
□子宮疾患

チンチラ

□不正咬合
□熱中症
□皮膚糸状菌症

ハリネズミ

□腫瘍
□皮膚病
□歯周病

フェレット

□耳ダニの寄生
□副腎疾患・膵臓腫瘍
□泌尿器疾患（尿路結石）

デグー

□熱中症・低体温症
□不正咬合
□糖尿病

小鳥

□栄養不良
□中毒（重金属、シックハウス）
□眼瞼炎、結膜炎
□卵塞（卵詰まり）

ハムスター

□皮膚病（しこり含む）
□骨折
□不正咬合

シマリス

□呼吸器疾患
□不正咬合
□消化器疾患

カメ

□呼吸器疾患
□卵塞（卵詰まり）
□くる病（代謝性骨疾患）
□水カビ病

図2：エキゾチックペットの病気の種類を調べてみよう

・それぞれのペットに合った適切な飼養環境の保持と食事、衛生とストレス管理が重要。
・病気の予兆や要因を知り、体調の異常や変化などを知ることで、早期発見・早期受診、健康改善できる可能性が高くなる。
・普段からペットの病気や対処法をスマートフォンで調べると、追跡機能などにより人工知能（AI）の学習機能が上がる。

とで、飼養環境が適正でないことに気づいたり、フードやサプリメントに工夫が必要であることが判明したりすれば、ペットが受けているストレスの軽減につながり、健康状態の改善や病気の予防につながります。

❸「ちょっと目を離した隙」が事故原因

ペット関連の事故報告書に出てくるキーワードは「ちょっと目を離した隙に」です。異物誤飲による窒息、落下（転落）、踏みつけ・挟み込みによる眼球や頭部などの損傷や骨折、溺水による心肺停止、犬や猫による咬傷事故、電源コードをかじることで起こった感電・やけどなど、少しの隙に事故が発生しています。

このような事故を予防するためには、自由行動をさせるときには目を離さないこと、事故の原因となる要素をあらかじめ除去すること、安全に配慮した物理的なエリア分けなどの措置が必要です。

❹「様子をみてしまって」が重症化の原因

体が小さい動物は病気の進行が特に早いため、様子見は重症化につながるおそれが高いことを認識してください。以下に、迅速な対応を要する状況の代表例を示します。

口

□前歯（切歯）が伸びすぎていないか
□よだれは出ていないか
□食べにくそうにしていないか

被毛

□毛づやや毛並みの変化はないか
□フケは出ていないか
□抜け毛は多くないか

食事

□元気や食欲の低下はないか
□喉に詰まりやすかったり、咳き込みはないか
□草しか食べないなど偏食はないか

腹部

□おなかが張っていないか
□触られるのを嫌がらないか

全身

□しこり、傷はないか
□おしりが便や尿で汚れてないか
□体重の変化はないか

眼

□目やに、涙はひどくないか
□腫れはないか
□かゆがる仕草はないか

鼻

□くしゃみをしていないか
□鼻水が出ていないか
□詰まっていないか

耳

□汚れていないか
□ニオイはないか
□傷はないか
□かゆがる仕草はないか

足

□歩きづらそうにしていないか
□ふらつき、ぎくしゃくはないか

トイレ

□血が混ざっていないか
□量の多すぎ・少なすぎはないか
□下痢、軟便はないか

陰部

□血尿、陰部からの出血はないか
□腫れ、赤み、ただれはないか

胸部（呼吸）

□乳腺の腫れ、しこりはないか
□鼻をヒクヒクしたり、努力呼吸はないか

図3：日々の健康観察のポイント例（動物種に応じアレンジが必要）

・鳥であれば、羽の汚れ、嘔吐物や下痢の付着、嘴の傷を観察する。
・ペットによっては、尿や便の色、黒色便（胃出血）や下痢、食欲不振、削痩など体調の変化、床材のかみ跡、ケージ内の異変などを観察する。
・個体ごとの飼養環境や生態の特性に応じて観察ポイントを調整する。

・食欲不振、下痢や嘔吐が続いている→胃腸炎、感染症など。
・うずくまって動けない状態→骨・関節のトラブルやケガ。そのほか重篤な状態として貧血、虚脱、ショック、呼吸困難、急性胃拡張など。
・重金属やゴムなどの異物誤飲→中毒、腸閉塞による急性胃拡張（消化管うっ滞）など。
・スズメバチや毒ヘビなどによる刺傷→アナフィラキシーショック、意識障害など。
・発作、血尿や血便→重篤な状態（緊急を要する）。

ペットの命と健康を守るために、以上の2つのキーワード「ちょっと目を離した隙」「様子をみてしまって」の危険性を認識してください。そして、ペットの様子が普段と異なれば、「空振りを恐れずに」動物病院へ安静を保ちながら迅速に搬送してください。

❺動物病院に連れて行くべきとき

犬や猫の飼い主なら、動物病院へ行く状況をおおむね理解しているでしょう。食欲不振、無気力、嘔吐、下痢、かゆみ、体重減少などは、動物の健康状態に問題があることを示す一般例です。

では、症状がわかりにくいエキゾチックペットの場合はどうでしょうか。ウサギ、モルモット、フェレット、鳥類、爬虫類などは、どんな症状のあるときに動物病院を受診すればよいのでしょうか。

前に述べたとおり、エキゾチックペットの多くは被食動物です。防御反応として、感染症との戦いなど病気への対処の際にも、外からは病気にみえないようにする能力を進化させてきました。しかし、その防御反応の限界を超えたとき、「健康のようにみせる」ためのエネルギーが枯渇して、病気の徴候が現れたり、最悪の場合、急激に弱る姿が観察され、死に至ることもあります。つまり、飼い主は常にペットの体調変化に細心の注意を払い、病気が疑われる場合はすみやかに動物病院を受診しなければなりません。

❻動物種ごとの健康特性

〈ウサギ、モルモット、デグー、チンチラ〉

これらの動物はいまやすっかり人気ペットとして定着していますが、共通点としては草食動物であることです。馬と同じで高繊維質の食事を毎日必要とします。そのため、何らかのトラブルで1~2日牧草を食べられないと、急に便が小さくなったり、出なくなったり、食事量が減ったりするなど状態が悪くなり、すぐに命に関わります。

その他、くしゃみや目やに、鼻水、かゆみ、抜け毛、急激な体重減少なども一般的な病気のサインです。また、夏場は熱中症にさせないことが非常に重要です。飼養環境の温度は23℃以下に保ち、常に新鮮な水を飲めるようにしてください。

なお、ウサギやモルモットは多くの飲水量が必要で、犬や猫では1日に体重1キログラムあたり40～60ミリリットル必要なのに対し、ウサギやモルモットでは100ミリリットル前後といわれています。一方、もともと砂漠や乾燥地帯に生息するデグーやチンチラは飲水量が少なく、1日に個体量として15～40ミリリットル程度でよいといわれています。

〈フェレット〉

フェレットは完全肉食動物ですから、フードは動物性タンパク質が豊富で、カロリー源の脂肪が十分にあり、炭水化物をほとんど含まないものを与えます。

体の機能や特徴は、草食動物のウサギなどとはかなり異なります。哺乳類の進化（系統樹）においては、むしろ犬や猫のほうが近縁です。そのため、病気の徴候が比較的早く現れる傾向があります。しかし、いざ動物病院にかかったときには病気が重篤になっていることが多く、手術や数日間の入院を必要とすることもあるため、注意が必要です。

高齢になると、フェレットの「三大疾患」といわれる、インスリノーマ、副腎疾患、リンパ腫に注意が必要です。インスリノーマは、膵臓腫瘍によって過剰なインスリンが分泌され、低血糖になる病気で、後ろ足のふらつきなどがみられます。副腎疾患は、腎臓の近くにある副腎が腫瘍化あるいは肥大化するもので、性ホルモンが過剰に分泌されることにより、脱毛や排尿困難などの症状を示します。リンパ腫は血液系のがんですが、体表や腹腔内のリンパ節が腫れたり、肝臓や脾臓、消化管などに腫瘍ができ、発生部位によってさまざまな症状を呈します。これら病気のフェレットには、食欲不振、嘔吐、下痢、衰弱、体重減少なども多くみられます。

またフェレットは、人がかかるインフルエンザや新型コロナウイルス感染症にも感染しやすいことが報告されているため注意が必要です（ハムスターも両方に感染することが確認されています）。

日常生活での事故としては、プラスチックやゴムのオモチャなどの異物を誤って飲み込んでしまったり、肉食なのに野菜やパンなど何でも盗み食いしてしまうことがあります。また、狭いところでもすり抜けることが得意なので、脱走に注意してください。

〈鳥類〉

健康な鳥は、警戒心が強く、いつも周囲に気を配っています。便は一定で、健康であれば強いニオイはありません。一方、鳥が病気になったとき、最初の徴候は便の変化であることが多く、下痢をする、尿の量が増える（水分が増える）、色が変わる（濃い緑、赤、黒）、大きさが変わる、未消化の食物が混じっている、などの変化がみられるため要注意です。

また、毛羽立った外観は病気を示します。特に羽毛をヒダ状にして、長時間静かにケージの底で座っている場合は、病気の可能性が高いと判断できます。頻繁な羽の抜け落ちや不揃い（自ら羽をむしり取る場合もあり）も健康状態悪化のサインといえます。その他、放鳥による外傷ややけど（熱湯への飛び込み）、動物による攻撃、出血などももちろん問題ですので、鳥類に詳しい獣医師の診察を受けるべきです。

〈爬虫類〉

ひと口に爬虫類といっても、無数の種類が飼養されています。生息地はさまざまであり、病気の特徴や注意点について傾向を絞って示すことは難しいですが、いずれにせよ、それぞれの動物に適した飼養環境（温度、湿度、日照［紫外線］、フードなど）を理解し、それを厳密に守ることが大切です。

爬虫類は病気になると、多くの場合、活動量が減り、食事や排泄の量も少なくなります。鼻水、口を開けたままの呼吸、皮膚や鱗の変化も体調変化のサインになります。

TOPIC

ペットの虐待を減らすために

「動物の愛護及び管理に関する法律（動物愛護管理法）」は、動物の愛護と適切な管理により、「人と動物の共生社会の実現を図る」ことを目的とし、1973年に制定されました。同法では、犬・猫をはじめ、牛、馬、豚、めん羊、山羊、いえうさぎ、鶏、いえばと、あひる、そのほか人の飼養下にある哺乳類、鳥類、爬虫類を「愛護動物」と規定して保護しています。そして、動物への虐待や遺棄に対しては、懲役や罰金などの罰則が定められています（巻末「資料編」参照）。

しかし、日々のニュースでは、多頭飼養による飼養崩壊や飼養放棄（フードや水を与えない、糞尿の掃除をしない……）の問題がしばしば取り沙汰されます。ペットを捨てる飼い主は依然としていますし、売れ残ったり、不要になった動物を捨てる販売業者や引き取り屋なども存在します。その他、動物虐待事件も後を絶ちません。心ない動物虐待事件が起こる大きな要因として、学校教育における動物愛護教育が標準化されていないことや、「動物虐待や動物の遺棄が違法である」という認識が日本社会に浸透していないことがあげられます。そのような動物たちを具体的に守ることができるよう、動物愛護教育の普及をはじめ、動物愛護管理法を時代に即して改正していく必要があります。環境省がまとめた「動物の虐待事例等調査報告書」（2018年）のさまざまな虐待事例からは、若い男性による虐待が多いことや、高齢者による多頭飼養の崩壊が見受けられます。このことから、ターゲットを絞った動物虐待予防対策マニュアルの作成や、「加害者にしない・させない・見逃さない」ための直接的なアプローチなどの仕組みづくりが求められます。

キーポイント

・ペットが病気をしたり、ケガを負ったりする要因の多くは、飼養環境の不備にある。環境が適切か、清潔に保たれているか、フードに不備がないか、ペットが接する場所に危険なものが置かれていないか、あらためて確認しよう。
・不適切な栄養バランスにより、カルシウム、リン、ビタミンD3などの不均衡や低カルシウム血症などがみられることがある。水分や栄養の摂取が、その動物として適切かどうか、信頼できる情報を収集し、専門家に確認しよう。

2 救命の連鎖

1．救命処置と応急処置

エキゾチックペットは、犬や猫にくらべ、命に関わる異常や心肺停止などの発見が難しく、また、飼い主が行える救命救急法として確立されたガイドラインはいまだありません。

その理由として、主に以下があげられます。

・体が小さいため、犬や猫にくらべ異常がわかりにくい。
・病状を把握しにくい。
・原因不明の体調不良や病気が多い。
・さまざまな事故の確率が高い。
・保定や処置が難しい。
・観察のために何度も触ることは、ストレスになることがある。

・救命救急法についての情報量が圧倒的に少ない。

したがって、日頃の健康管理と同様に、救急救命法を行うための前提として、飼い主が動物の生理や生態をよく知り、注意すべき病気やケガの内容などをよく調べて知識を得ることが大切です。そして、わからないことがあれば自身だけで判断せず、その動物に詳しい獣医師と相談できる関係づくりが求められます。

救命救急法はひとまとめで表されることもあり、密接に関係しますが、厳密には「救命処置」と「応急処置」に分かれます。

❶救命処置

死の危険性のある動物の命を救うために、何よりも優先しなければならない処置のことです。その動物に対する根本的な治療や処置を受けるまで、現場に居合わせた人（バイスタンダー）が手当や処置を行うことにより救命効果を高めます。

その救命処置が早ければ早いほど、大事に至らない可能性が高まります。特にエキゾチックペットは、犬や猫とくらべると、呼吸停止から心停止に至る時間が短いため緊急な対応が求められます。

❷応急処置

ケガや病気の悪化を防止したり、痛みが和らぐ処置を行うことです。日常生活においてペットにケガや病気が突発したとき、獣医師が現場にいることはあまり考えられず、処置に必要な救急用品や薬なども手元にないことが一般的でしょう。応急処置とは、そのような際に動物病院に搬送する（あるいは獣医師が来てくれる）までの間、飼い主が応急的に施す処置のことを指します。

ペットに対する救命救急法は、動物病院（獣医師）に引き継ぐまで続けなければなりません（救命の連鎖）。これは飼い主に限らず、ペットショップ（ホテル）やトリミングサロン関係者など動物を管理する業務に従事する人（動物事業関係者）についても同様で、ペットに必要な救命救急法についての正しい知識と技術を十分に理解し、習得しておくことが必要です。

そして留意すべきは「自身の安全が第一」であることです。そのうえで、「あきらめないこと」「ためらわずに思い切って処置を行うこと」が大切です。

2. 命のバトンをつなぐ

急に呼吸や心臓が止まってしまったペットの命を救い、生活への復帰に導くために必要となる一連の行動を「救命の連鎖」（図4）といいます。

・1つ目の輪「安全と反応確認」
・2つ目の輪「搬送手段（タクシー）と動物病院の手配」
・3つ目の輪「一次救命処置（心肺蘇生法…胸部圧迫と人工呼吸）」
・4つ目の輪「動物病院への搬送」
・5つ目の輪「動物病院への引き継ぎ」

救命の連鎖を構成する5つの輪のうち、1～4つ目の輪はその場に居合わせた飼い主らが担います。1つ目の輪では、倒れたペットを発見したら、自身とペットのために周囲の安全を確認します。そして手を叩いたり、名前を呼んだりして反応をみます。深呼吸して落ち着くことが大事です。2つ目の輪では、搬送手段の確保と動物病院への連絡を行います。3つ目の輪では、普段どおりの呼吸がなければ、すみやかに心肺蘇生法（胸部圧迫と人工呼吸）を開始します。4つ目の輪では救命救急法を継続しながら動物病院へ移動します。そして、5つ目の輪で動物病院へ引き継ぎます。

この5つの輪が途切れることなく、素早くつながっていくことで、救命効果が高まるのです。どうかみなさん、いざというときに動物病院に搬送するまでの救命活動を一刻も早く行うため、ペットの心肺蘇生法などを練習して命のバトンをつないでください。

図4：救命の連鎖

TOPIC

違法輸入などを減らすために

新型コロナウイルス感染症に伴う生活環境の変化（在宅ストレスの発生）などに伴い、エキゾチックペットに癒しを求める人が増えています。身近なペットショップや各地で活発に開催されているイベントなどで比較的手軽に購入できる対象として、爬虫類（カメ、ヘビ、トカゲなど）、鳥類（インコ、ブンチョウ、ヨウムなど）、ウサギ、げっ歯類（ハムスター、モルモット、デグーなど）の飼養世帯が増えたといわれています。それら動物の多くは50年以上前から輸入され、ビジネス目的として国内でペット用に繁殖されてきました。

一方、野生動物として暮らしていた個体が採集され、それがペット用として輸入された場合、どこで生まれたのか、どのような組織（人）がどんな目的・ルートで日本国内の業者に動物を引き渡して個人宅に来るのか不明なことが多く、人獣共通感染症や異種動物間感染の危険性を含め、問題として取り上げられています。さらに、野生動物の販売にあたっては、動物取扱業の登録は必要であるものの、専門知識は必ずしも求められておらず、なかには適切な健康管理が行われていない事例もあるようです。知識不足や倫理観の欠如などから、結果として違法な取引に関与し、懲役刑や罰金刑に処された個人やペットショップも存在しています。

しかし、一部のモラルや順法意識の低い業者だけに問題があるのではなく、その背景には「珍しい動物を入手したい・飼養したい」と願う人の存在があることを忘れてはなりません。動物の飼養を始めるにあたっては、その動物の来歴など、適法性についてしっかりと確認する必要があります。

3 救命救急法（心肺蘇生法）の基本

1．観察、意識・反応の確認

ケージの外で普通の状態ではないペットの様子をみかけたら、名前を呼び、普段どおりの呼び寄せを行い、呼吸運動（鼻～胸腹部の動き）を確認します（図5）。ケージ内で動かなかったり、呼びかけに無反応な状態であれば、頸椎と胸椎を水平に保った状態で（頸椎を保護しながら）ケージの外に出します。6秒以内にやはり呼吸運動が確認できなければ心肺停止（呼吸停止＋心停止）と判断します。脈の確認は難しいですが、呼吸が止まっているなら、すぐに心停止に至るため、ただちに搬送手段の確保と動物病院への連絡を進めます（図6、7）。ここでのポイントとして、できる限り落ち着くことが大切です。ペットセーバー講習会を受講した後、実際に意識を失ったペットに遭遇して蘇生に成功した飼い主の体験談を聞くと、次のような状況が多くみられます。

「最初は受け入れられず、手や体が震え出し、頭が真っ白になって……。泣き崩れそうになりながらも『自分しか助ける者はいない！』と気を奮い立たせました。タクシーを手配し、動物病院へ連絡して、手が震えながらも心肺蘇生法を施しながら動物病院に搬送し、無事に命を救うことができました」

ペットが意識不明になる状況など、日頃は考えてもみないことです。突然起きた非日常的な状況を打開するために、まずは深呼吸をして落ち着きましょう。

2. 搬送手段と動物病院の手配

家族などほかの人がそばにいるなら、心肺蘇生法を継続しながら、その

図5：呼吸運動の確認

名前を呼んだり、普段どおりの呼び寄せを行い、胸腹部の呼吸運動（鼻の穴と胸の動き）の確認を6秒以内で行う（必ずしも6秒間待つ必要はない）。呼吸していないとわかった時点で搬送を手配し、動物病院へ連絡する。聴覚障害があると思われるペットの場合、床を叩いて振動を与えたり、ケージを軽く叩くなどしながら呼吸運動を確認する。

A：手のひらに乗る大きさのペット

B：手のひらに乗らない大きさのペット

図6：頸椎を保護しながらケージの外に出す

A：手のひらに乗る大きさのペット（チンチラ、デグー、フクロモモンガ、シマリス、小鳥など）。
蘇生時の逸走防止のため、洗濯ネットを裏返しにした状態でいちばん奥まで手を入れる。利き手と反対側の手の親指と小指でペットの首の後ろ部分をつまんで、頸椎を保護した状態で仰向けに保定する（真ん中の3本指で体を挟み、手のひらを上向きにする）。そして、利き手で包みこむようにして、両手で保定して引き出す。巣の中のペットを引き出す場合は片手のみ。その後の心肺蘇生法の手順や要点は後述する。

B：手のひらに乗らない大きさのペット（大型のウサギ、モルモット、フェレットなど）。
ケージの中に手を差し入れ、倒れているペットの頸椎を両手で保護した状態で引き出す。その後の心肺蘇生法の手順や要点は後述する。

【動画 A】
https://petsaver.jp/video/BPULLOUT.mp4

【動画 B】
https://petsaver.jp/video/MPULLOUT.mp4

※解説動画を閲覧いただけます。QRコードをスマートフォンやタブレット端末のカメラ(バーコードリーダー）で読み取ってください。QRコードが読み取れない場合、またはパソコンなどで閲覧する場合はブラウザにアドレスを入力してください。

人に搬送手段（タクシーなど）の確保と動物病院への電話連絡を依頼します。手配が完了したら、家族にケージやキャリーケースなども準備してもらいます。動物病院に対してはカルテ番号を伝えてペットを特定してもらい、「呼吸をしていない」「心臓が動いていない」「じっとしていて、呼びかけに応じない」などの状態を伝え、今から連れて行くことを知らせます。

それにより動物病院は受け入れ準備を始めますので、救命の連鎖が早くなって助かる確率が上がります。自分ひとりで最後まで救命処置を施すのは困難です。できるだけ早く動物病院で処置を受けることが大切です。

動物病院に搬送するときは、自身の運転ではなく、家族や友人の運転、またはペットの搬送が可能なタクシーを利用することが鉄則です。迅速に連絡できるようタクシー会社の電話番号は携帯電話にあらかじめ複数件登録しておきましょう。もちろん、動物病院の電話番号も素

【動画】
https://petsaver.jp/video/FFR.mp4

図7：呼吸運動の確認と動物病院の手配

早く探せるように工夫しておきます。たとえば、「ああ○○動物病院カルテ番号×××」と登録しておけば、連絡先（電話帳）データのいちばん上に出てきますし、カルテ番号も瞬時にわかります。

ケージやキャリーケースなどに収容していれば、ほとんどのタクシーはペットの同乗を受け入れます。しかし、動物種などによっては同乗を拒否されることも考えられます。あらかじめタクシー会社にペットが同乗することを伝えると、同乗可能な車が配車されます。普段よく利用するタクシー会社に、同乗の条件をあらかじめ聞いておくとよいでしょう。動物病院と協力関係にあるタクシー会社の電話番号やアプリなどを日頃から確認しておき、実際にサービスを利用しておくこともおすすめします。

注意点として、車内で蘇生（回復）した際にペットが動いて跳び出さないよう車内のすべての窓を閉めておきます。万が一の逸走防止対策としては、洗濯ネットなどに入れた状態で心肺蘇生法を施すことも有効です。洗濯ネットを使う場合はペットの爪が引っかからないようメッシュの細かいものを用います。また、タクシーの座席にペットの血液や毛、嘔吐物などが付着すると、その後の営業に支障をきたしますので、利用者のマナーとして配慮が必要です。近くにほかの人がいなければ、搬送手段の確保と動物病院への電話連絡をひとりで行います。そのときは携帯電話をスピーカーモードにして、両手を使える状態で心肺蘇生法を施しながらタクシー会社や動物病院に連絡します。

いずれにせよ、かかりつけの動物病院と普段からペットの種類や状況に応じたリスクコミュニケーションを取っておくこと（起こりうる危機に対して情報や意見を交換すること）が大切です。

3．呼吸の確認

❶普段の呼吸状態を知っておく

ペットの多くは鼻から息を吸ったり吐いたり（鼻呼吸）していますが、普段の呼吸数を確認したい場合は、胸のふくらみなどを観察してください。胸が上下して1回の呼吸とカウントします。落ち着いた状態のとき、1分間に何回呼吸しているのか、その回数を把握しておくとよいでしょう。10秒間測定して6倍、または15秒間測定して4倍することで、1分間のおおむねの呼吸数とすることもできます。ウサギなど代表的な小型哺乳類の呼吸数を心拍数・体温とともに**表1**に示します。

❷呼吸困難

呼吸困難時の行動パターンとして大きく2つあげられます。1つ目は鼻をひくひくしている（鼻の穴を大ききめに広げて呼吸している）状態（図8）、2つ目は口を開けていたり、あえいでいる状態です。普段は浅く早い呼吸をしているペット（特にウサギ）が、激しく胸が動くように呼吸していたり、ゆっくりと深い呼吸をしている場合には呼吸困難に陥っているかもしれません。また、頭と首をあげているときも呼吸困難の可能性が

表1：主なエキゾチックペットの呼吸数・心拍数・体温

	呼吸数（回／分）	心拍数（回／分）	体温（℃）
哺乳類			
ウサギ	30～60	130～325	38.5～40.0
モルモット	42～150	150～400	37.2～39.5
フェレット	33～36	180～250	37.8～39.4
ハムスター	33～127（74）	250～500	36.2～38.8
シマリス	100	200	38.0
チンチラ	40～80	100～150	37.0～38.0
デグー	123	274	36.0～37.9
ハリネズミ	25～50	180～280	35.0～37.0
フクロモモンガ	16～40	200～300	36.3
鳥類			
体重 25g	60～70	274	40～42
体重 100g	40～52	206	
体重 200g	35～50	178	

動物種によって異なるだけではなく、個体差もあるため、普段の状態を把握しておくことが大事。

出典：霍野晋吉，横須賀誠．カラーアトラスエキゾチックアニマル 哺乳類編 第3版．2022．緑書房．／Carpenter JW, Marion CJ. Hedgehogs, In: Exotic Animal Formulary, Carpenter JW eds, 4th ed, 455-475. 2012. Elsevier Saunders.／霍野晋吉．カラーアトラスエキゾチックアニマル 鳥類編．2014．緑書房．

あります。運動後の興奮を除き、これらの動作が確認できれば重度の呼吸困難を疑い、すみやかに動物病院を受診しましょう。

応急処置としては、鼻の穴に分泌物が固まって詰まった状態が確認できれば、温水で湿らせた不織布やガーゼなどでふやかして摘出します。ただし、処置をとても嫌がる場合は、そのストレスが呼吸状態を悪化させる危険性を伴うこともあるため、無理をしないことも重要です。

携帯酸素スプレー（酸素缶）があれば、キャリーケースやケージ（小型のペットは出かごがよい）にビニール袋をかぶせ、そこに酸素を放出してペットに吸わせます。酸素使用時の注意点としては、酸素缶をケージの中に入れないことと、放出時に音がしないタイプを選ぶことです。レギュレーターのある缶なら、毎分0・5リットル程度に流量を調整します。いざというとき

【動画】
https://eqm.page.link/24ti

図8：呼吸困難の評価

鼻を早い速度で繰り返し大きく開けて呼吸している。

のために、酸素缶は5本以上常備しておくとよいでしょう。

呼吸困難は、すなわち緊急状態です。暗く、静かにして、極力ストレスのない安静な状態でキャリーケースに入れ、酸素を供給しながらすみやかに動物病院に搬送します。搬送の最中もペットの呼吸状態を観察してください。呼吸が停止すれば、頸椎を保護しながらケージから出して、すぐに心肺蘇生法を施す必要があります。

4. 気道内の確認

❶異物誤飲の原因

気道（喉など空気の通り道）内の異物により気道が閉塞し、呼吸停止しているときは、即時に摘出し、呼吸を再開できるようにしなければなりません。

異物誤飲の原因としては、不適切なフードや床材（敷材）、オモチャなどがあげられます。あるいは、健康なら問題がないフードでも、加齢や病気、体力の低下などさまざまな要因によってうまく飲み込めず、喉に詰まらせて呼吸困難になる例もあります。

窒息のサインとしてはチアノーゼが代表的です。皮膚や粘膜（口唇や歯茎など）が青紫色になっていれば窒息によるチアノーゼ、つまり低酸素血症もしくは末梢循環不全が考えられ、迅速な対応（異物の摘出）が求められます。

❷異物の摘出

異物を取り出す際の注意点としては、処置する人が咬傷などを負う危険があるため、指を差し入れてはなりません。さらにはペットの口腔内や気道などを傷つけてもいけませんので、先端が丸いタイプのピンセットを用います（図9）。草食動物のウサギやモルモットなどでは、軟らかい食物が閉塞の原因となっていることがあります。その場合には綿棒などを使用します。

犬や猫では、腹部や背部、咽頭を叩いたり圧迫したりする気道異物除去法として、背部叩打法（肩甲骨の間を叩く）、チェストトラスト法（胸部の両側から両手で押す）、腹部突き上げ法（ハイムリック法）、咽頭（催吐）反射法（ボミティングリアクション）が効果的です。体の小さなエキゾチックペットでは圧迫の加減の調整が困難といった理由からこれらの方法は基本的に推奨されま

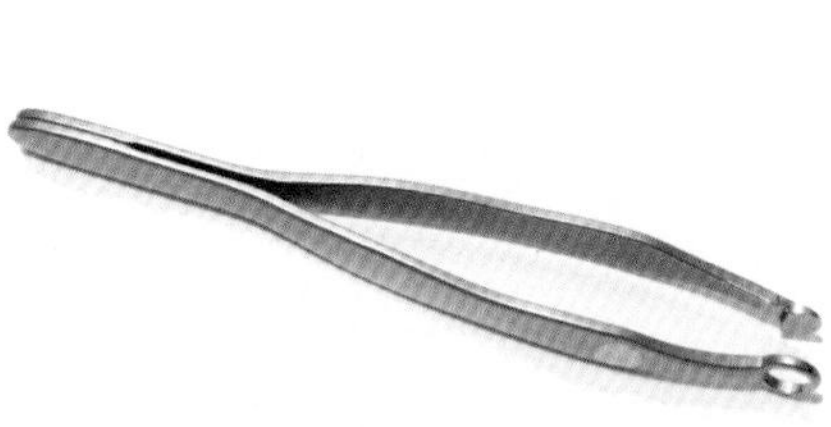

図９：異物の摘出に用いる先端が丸いピンセット

せんが、体勢を逆さにして背部叩打法を行うことが有効かと思われます。

なお、異物誤飲への対策は予防が何より大事です。自身のペットにとって、与えるフードが問題にならないかどうか、大きさや種類、形状、状態に注意する必要があります。フードを与えたら、食べ終わるまで異変がないか様子を観察してください。また、誤って口に入れるおそれのあるものが存在しないかどうか、飼養環境も再確認してください。

5. 心肺蘇生法（胸部圧迫、人工呼吸）

❶舌を引き出して気道を確保

心肺停止を確認したら、すみやかに心肺蘇生法を開始します。心肺蘇生法にあたっては、最初に気道を確保します。頸椎を保護しながら、ペットをケージから出します（図6）。次に洗濯ネットに入れるか（図10）、テーブルの上などに移動させます（蘇生時に落下しないように対策すること）。頭部を反らせすぎないように（頸椎を傷めないように）注意しながら、口を軽く開けて、先端が丸いピンセットなどでゆっくりと舌を引き出します（図11）。口腔や気道内に異物が確認できれば、前述のとおり摘出します。

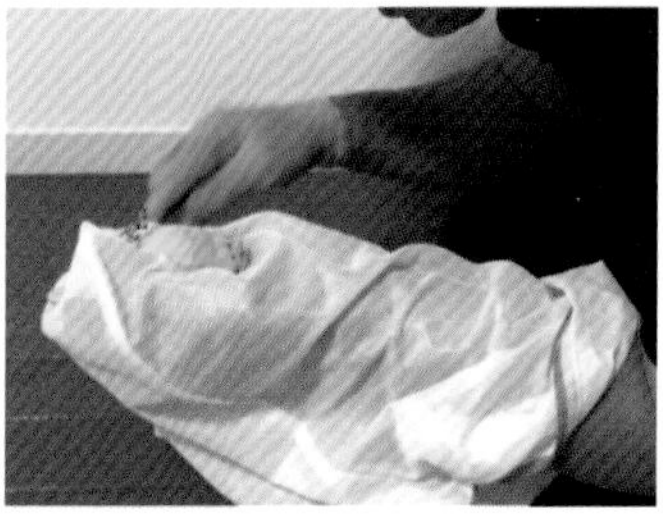

図 10：洗濯ネットへの入れ方

普段からペットが入る大きさの洗濯ネットを裏返しにした状態で、救急セットとしてケージの近くなどに置いておく。メッシュがいちばん細かなものを準備すること。メッシュが粗いと蘇生後に爪が引っかかってペットがパニックになることがあるため注意が必要。ペットの自発呼吸が再開したら、素早く洗濯ネットのジッパーを閉じて、逸走防止を図る。

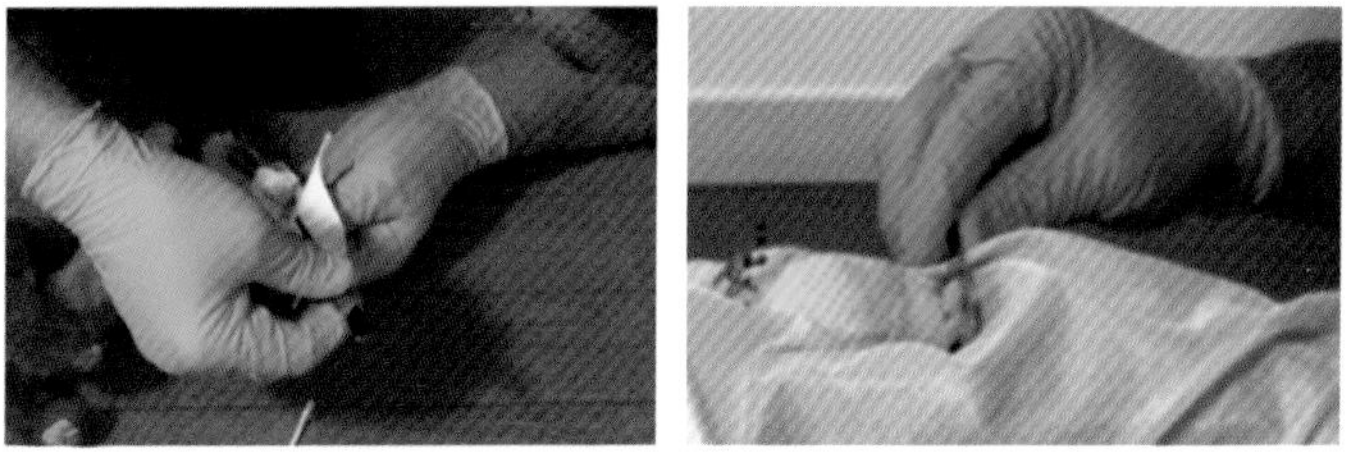

図 11：舌の引き出しによる気道確保

口を軽く開けて、先端が丸いピンセットなどでゆっくりと舌を引き出す。頭部を反らせすぎないようにすること。

心肺蘇生法では胸部圧迫を行い、全身に血液を送ります。同時に哺乳類の場合、横隔膜があるため、胸部圧迫により肺が縮み（陰圧）、圧迫解除することで肺が広がり（陽圧）、人工呼吸には及ばないものの、微量の酸素を肺に供給することができます（図12）。しかし、気道内に異物があると圧迫による換気運動ができないため、異物を取り出すことがポイントになります。

❷胸部圧迫（心臓マッサージ）

気道が確保できたら、胸部圧迫を開始します。実施の際は、胸部圧迫と人工呼吸を連続して行いやすいよう、利き手に応じてペットを保定します。ペットが手のひらに乗る大きさ（目安として体重200グラ

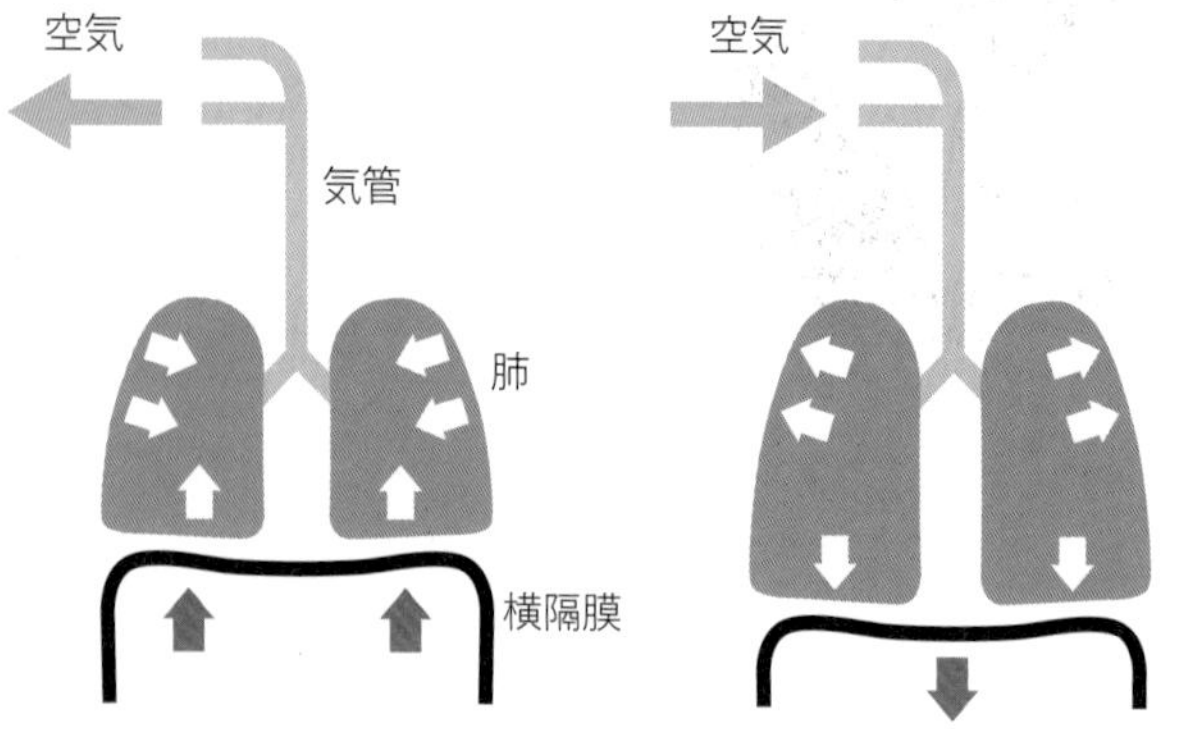

図 12：横隔膜と呼吸の関係

左：胸部圧迫時。横隔膜が上がることで肺が縮まる（陰圧になる）。
右：胸部圧迫を解除すると肺が広がる（陽圧になる）。

ム以下）であれば、（右利きの場合）左手で体を包みこみ、指で落下させないように保持し、右手の指の腹で胸部圧迫を行います。右手の指の数は体の大きさで変わります。体重200グラム～1キログラムであればテーブルの上で寝かせます。右利きなら頭部が左側です。体重1～3キログラムなら、ペットの背中を自身に向けて、（右利きの場合）頭を左側にし、左腕に寄りかからせます。そして後ろ足の下側を右手で保持して落下を防止します。体重3キログラム以上なら、ペットを床の上に寝かせ（右利きなら頭部が左側）、肘を伸ばした利き手で胸部圧迫を行います。胸部圧迫の位置は胸（胸郭）の中央部です。倒れているペットの向きが利き手に応じていない場合は、頭部下から手を差し込み、頸部をひねらないように体位変換を行います（図13）。

あるいは、テーブルの上で心肺蘇生法を実施するのではなく、ペットの体の大きさに応じて、手や腕に保持した状態でのせて（落下させないように注意）、搬送に使う車に（タクシーが停まる玄関先などへ）移動しながら処置を進めれば、より早く動物病院に搬送できます。

〈体勢（ポジション）〉

胸部圧迫時の体勢は体型によって変える必要があります。胸（胸郭）が樽型ではないウサギ（種類によって樽型もあり）やフェレットなどは横に寝た状態（側臥位）にします（心臓ポンプ理論）（図14）。樽型のモルモット、ハムスター、チンチラ、ハリネズミなどは仰向け（仰臥位）にします（胸郭ポンプ理論）。なお、ウサギでの注意点としては、胃噴門（胃の入り口）部の弛緩によって胃内容物の吐出（吐き出し）が起こり、誤嚥する（食べものが誤って喉や気管に入ってしまう）ことがあるため、頭部を下げすぎないようにしてください。

・心臓ポンプ理論…右心室と左心室を直接圧迫することで血流を生み出す。
・胸郭ポンプ理論…胸郭を陰圧にすることで胸腔内圧を上昇させる。それにより動脈が圧迫され、その血管内の血液を全身に送り出す。

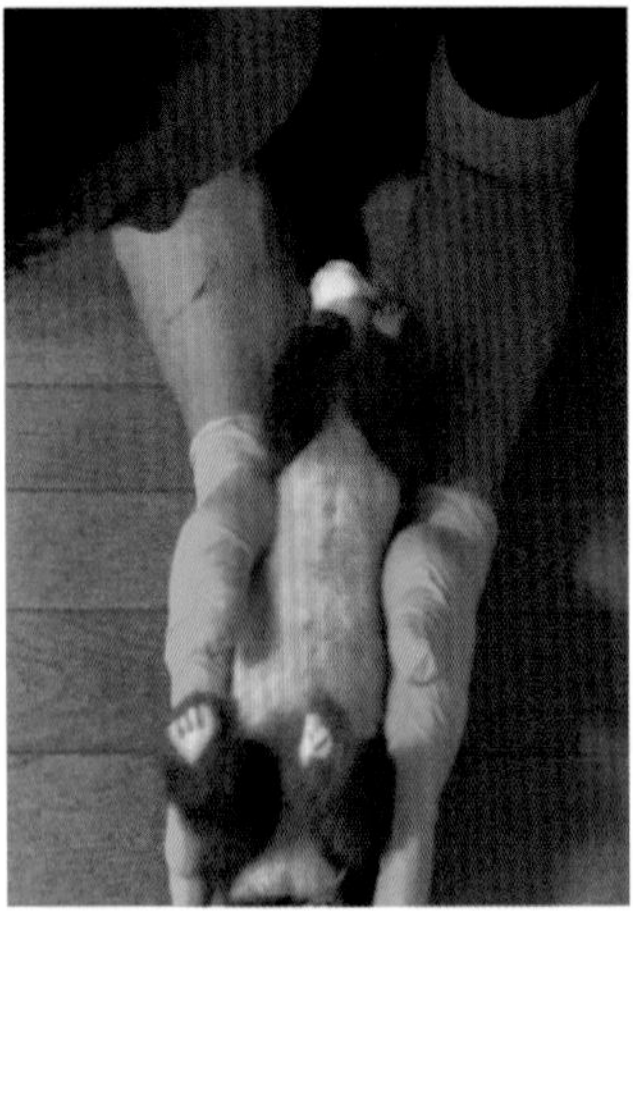

【動画】
https://petsaver.jp/video/RRG.mp4

図 13：体位変換

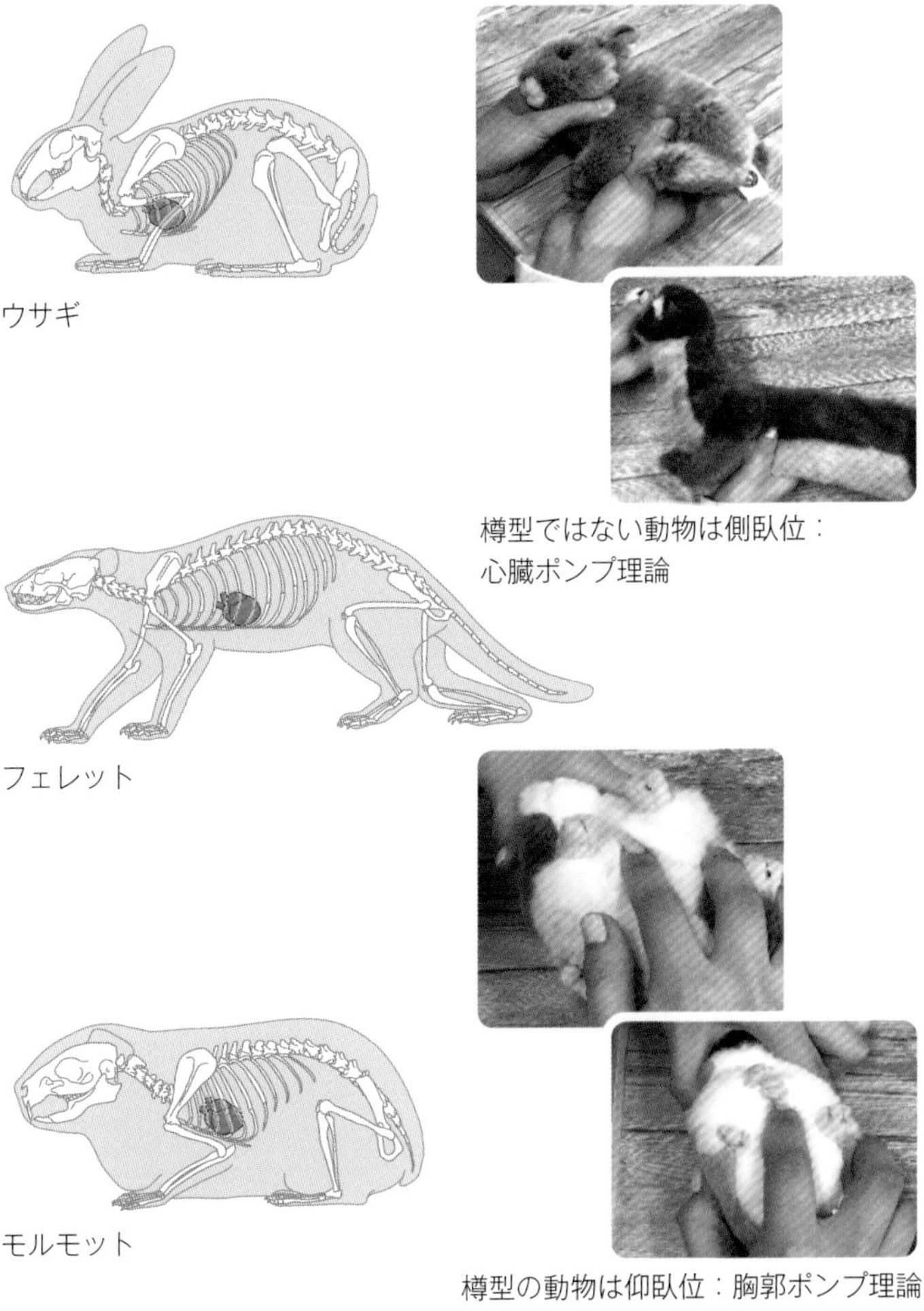

樽型ではない動物は側臥位：
心臓ポンプ理論
樽型の動物は仰臥位：胸郭ポンプ理論

図 14：ウサギ・フェレット・モルモットの心臓の位置（左）と胸部圧迫を実施する際のポジション（右）

〈胸部圧迫の強さとペース〉

胸部圧迫はペットの体の大きさに応じて指の腹や手のひらで行います。胸部への接触面積を広くすることで、圧迫効果を高め、肋骨などへのダメージを最小限にします。

押す深さ（強さ）は、胸の幅が元の1／3になることが目安で（図15）、1分間に120回のペース（1秒間に2回のペース）で圧迫します。

実際には5回の圧迫後、そのペットの肺の容量に合う呼気吹き込み量の人工呼吸1回を繰り返します。はじめの3回はやさしくゆっくりと圧迫します（激しく強い圧迫により胸腹部を損傷しないように）。心肺蘇生法の最中は、眼や足、尻尾（尾羽）などの蘇生反応をみながら、名前を呼び続けるなどの声かけをして、ペットの脳を刺激します。その際は大声ではなく、温もりのあるやさしい声にしてください（図16）。

心肺蘇生法は搬送する車が到着するまで続けます。車が到着したら、右利きの場合、右手でペットの頸椎を保護し、左の手のひらを上向きにした状態でペットの体の下に差し込み（肘は床に）、ペットを左の腕にのせます。そして、下側の後ろ足の付け根を左手の人差し指と親指で保持し（落下を防止し）、右手を胸腹部にあてて抱き上げます。その姿勢で胸部圧迫のみを施しながら車に搬送し、車内でも胸部圧迫を継続します。なお、胸部圧迫を強くしすぎないように注意してください。

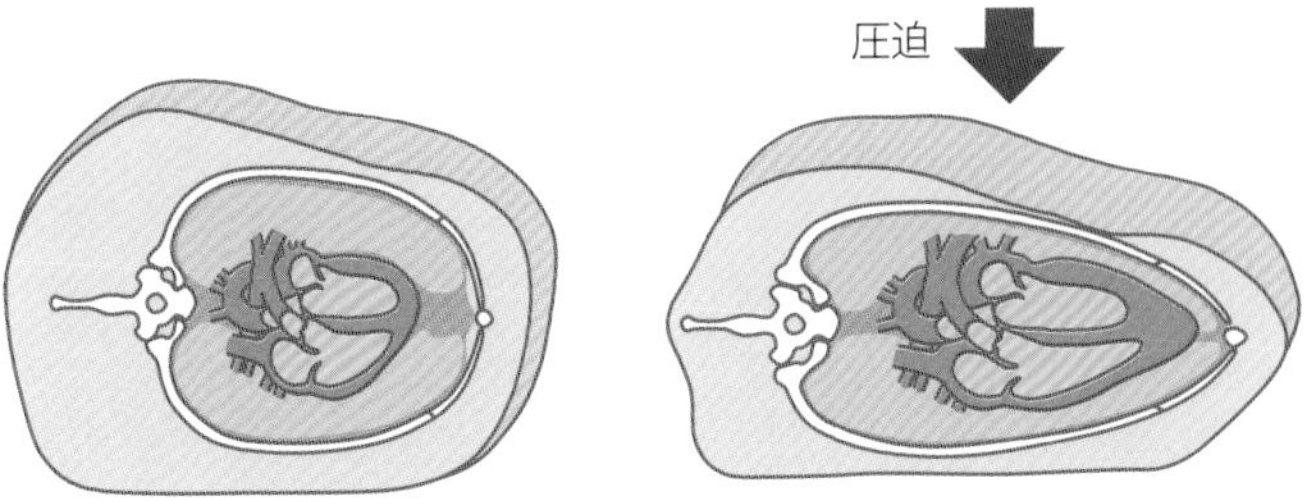

図 15：胸部圧迫時の押す深さ（圧迫の強さ）

胸の幅が元の 1/3 になることが目安。

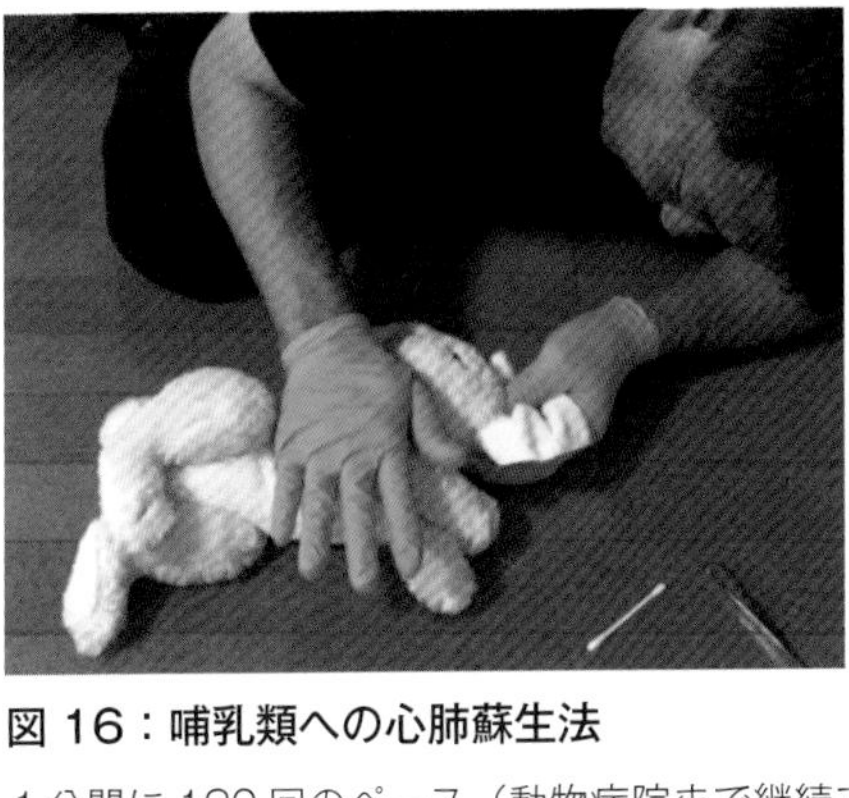

【動画】
https://petsaver.jp/video/MCPR.mp4

図 16：哺乳類への心肺蘇生法

1 分間に 120 回のペース（動物病院まで継続できるスピード）で胸部圧迫する。哺乳類は図 15 のとおりの深さ（強さ）での 5 回の胸部圧迫後、人工呼吸（肺の大きさに合う呼気吹き込み量）1 回を繰り返す。胸部圧迫時は指の腹などを使って、胸部への接触面積を広くすることで、圧迫効果を高め、肋骨などへのダメージを最小限にする。

〈鳥類・爬虫類〉

鳥類や爬虫類には横隔膜がないため、胸郭ポンプ理論が適用できません。心臓ポンプ理論も同様に、心臓の前に大きな骨（竜骨）があるため実施できません。甲羅のあるカメに胸部圧迫が困難なことは容易に想像できるでしょう（図17）。そのため、人工呼吸が優先されます。

鳥類の呼吸器には、気嚢という特殊な器官があり（図18）、胸をふくらませるフイゴ呼吸と呼ばれる特徴的な様式をとります。その作用を利用して、腹部の皮膚と羽毛をつまみ、胸部方向へ素早く繰り返し、突き上げるように動かすとフイゴ呼吸が促進されることもあります（図19）。フイゴ呼吸とは鳥類独自の呼吸です。胸腹部の圧迫により空間の体積を変化させて空気の流れを生み出し、呼吸することをいいます。このフイゴ呼吸を促進する方法（フイゴ法）は、感染の危険性を最小限にできる心肺蘇生法です。

ちなみに、犬や猫の新生子などでは、出生後に酸素不足が原因で呼吸のない仮死状態になることがあります。その対処法として、全身のマッサージにより血液の循環をよくしたり、肋骨周辺の呼吸筋を刺激したりして蘇生を促します。この酸素不足の原因は、子宮内胎盤血管の収縮による低酸素症や低血糖症であり、タオルなどで新生子を乾かしつつ、なでたり、さすることで呼吸を刺激します。同様に、鳥類や爬虫類でも有効な可能性がある

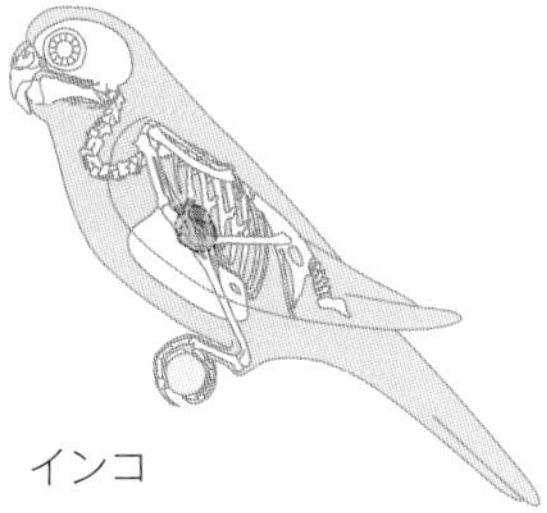

インコ

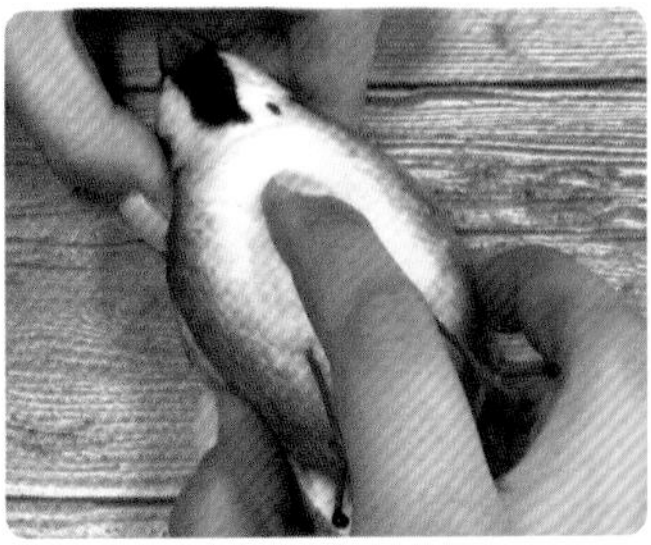

鳥類：仰臥位

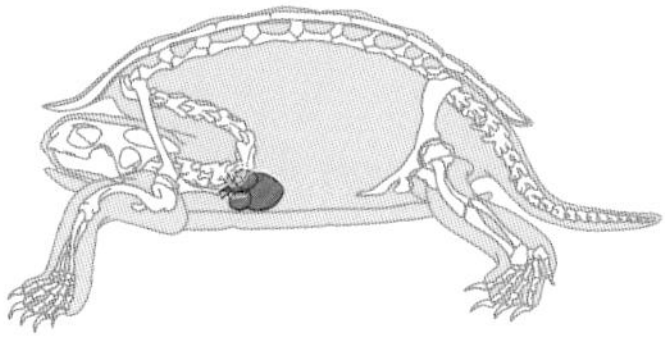

カメ

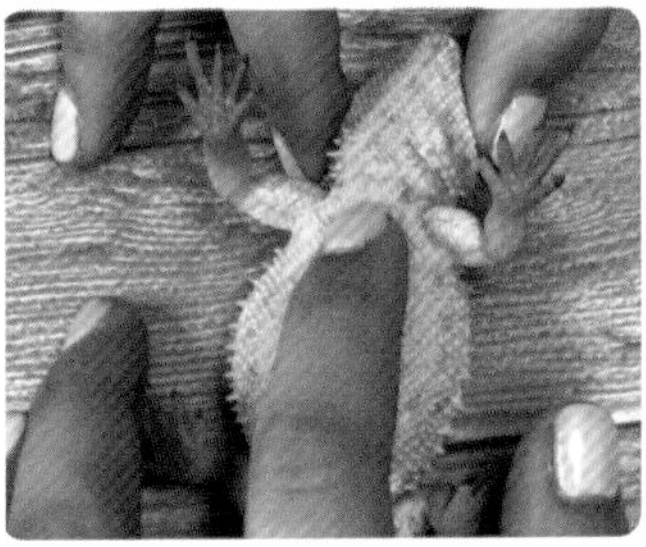

爬虫類：仰臥位

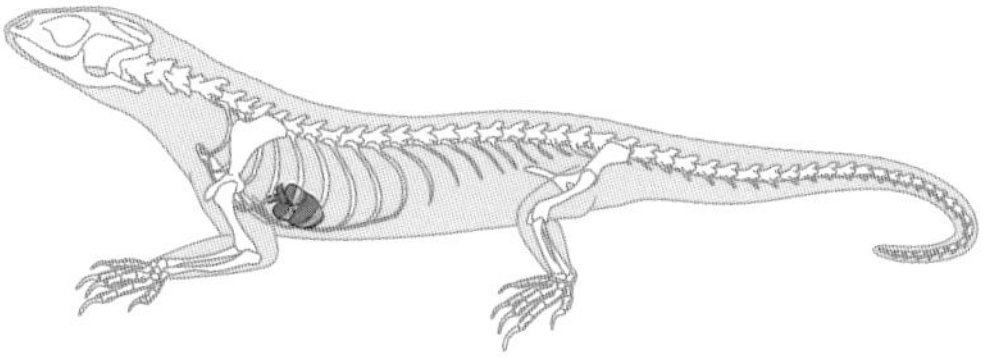

トカゲ

図 17：インコ・カメ・トカゲの心臓の位置（左）と呼吸筋への刺激を実施する際のポジション（右）

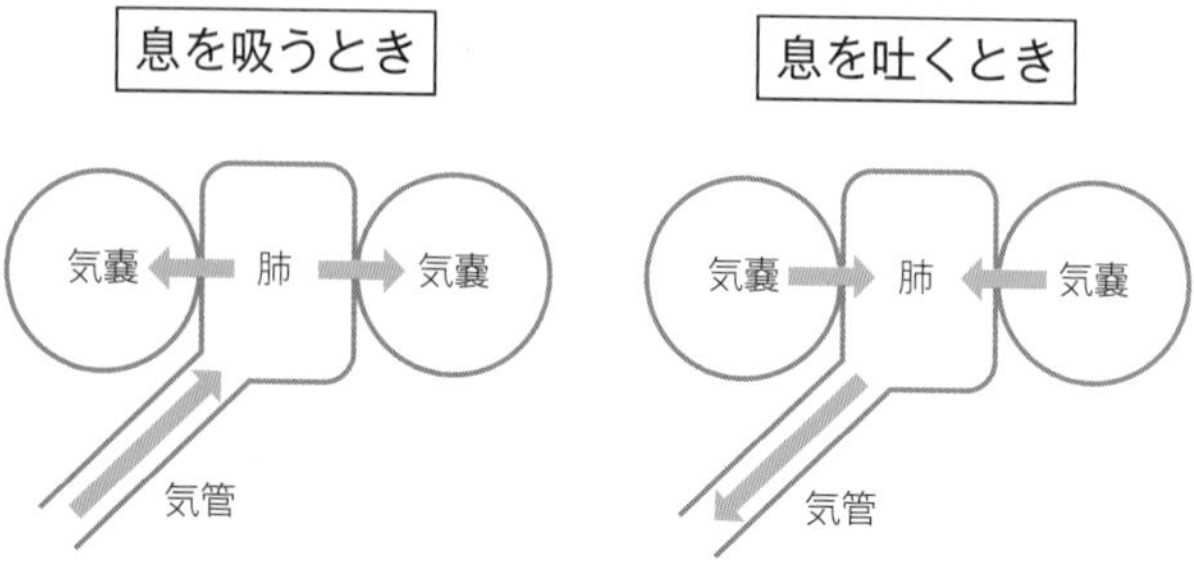

図 18：鳥類の肺と気嚢の模式図

鳥類は飛翔時にたくさんの呼吸量が必要なため、体格比では哺乳類にくらべ大きな肺を持っている。さらに、気嚢というポンプの袋のような器官を有し、肺が豊富な空気で満たされるようになっている。

【動画A】

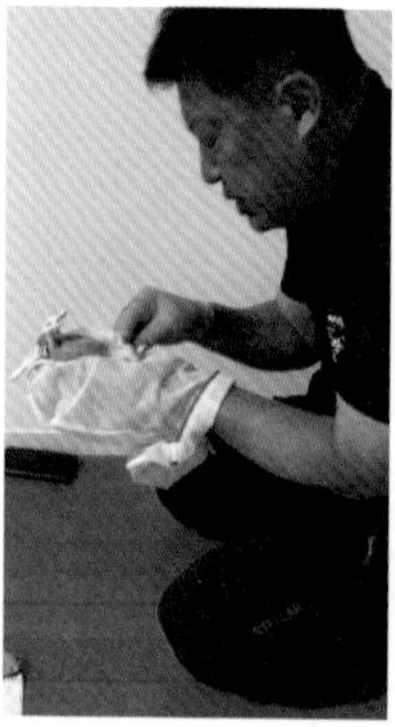

【動画B】

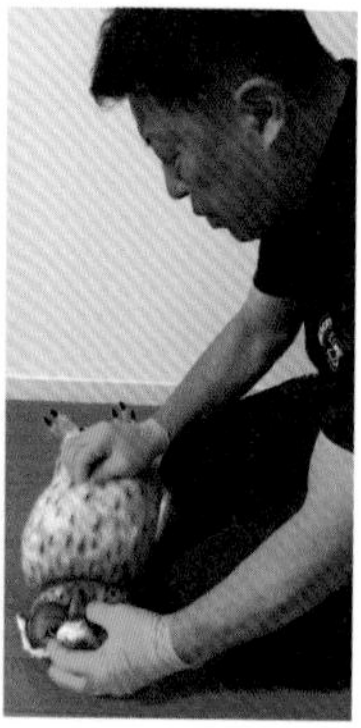

【動画A】
一連の流れ
https://petsaver.jp/video/BCPR.mp4

【動画B】
フイゴ法
https://petsaver.jp/video/fuigo.mp4

図 19：鳥類への心肺蘇生法

洗濯ネットを使って逸走を防止する。呼吸筋への刺激として竜骨への垂直刺激（フイゴ法）を施す。1分間に120回のペースで5回刺激する。竜骨への垂直刺激は指の腹を使う。

※フイゴ法は、フイゴ呼吸のメカニズム(Sereno PC, Martinez RN, Wilson JA, et al. Evidence for avian intrathoracic air sacs in a new predatory dinosaur from Argentina. PLoS One. 2008;3(9):e3303.)を参考に日本国際動物救命救急協会が独自に構築した手法。

ため、人工呼吸に加え、肋骨周辺の呼吸筋を刺激しながら全身の血流を促進するためのマッサージを施しましょう。なお、ここで述べた仮死状態とは、呼吸や心拍の一方または両方が停止し、意識がなく、外見上死んだかのようにみえるものの、自然にまたは適切な処置により蘇生する余地のある状態をいいます。

爬虫類は変温動物という特性上、心肺蘇生法を施しても意味がないと思われますが、ひとまず保温（加温）し、代謝（循環）を上げるために胸部（心臓や胸の刺激を含む）や全身をマッサージするとよいでしょう（図20）。注意点として、爬虫類には嫌気呼吸（酸素以外の物質を利用する呼吸）ができる個体もいるため（呼吸停止できる時間が長いため）、呼吸が停止していても心臓が動いていることが多いことを覚えておいてください。

図 20：爬虫類への心肺蘇生法

代謝（循環）を上げるために胸部や全身をマッサージする。

❸人工呼吸

哺乳類は横隔膜があるため、胸部を圧迫することで肺が縮み、圧迫解除することで肺が広がります（図12）。そのため、気道を確保していれば、胸部圧迫だけでもある程度の酸素が肺に取り入れられますが、人工呼吸はさらに多くの酸素をペットに供給することができます。エキゾチックペットは、呼吸停止からすぐに心停止に至ることが多いため、犬や猫以上に人工呼吸が重要です。エキゾチックペットの多く（特に哺乳類）は鼻呼吸であることから、ペットの鼻にガーゼやハンカチなどを当て（感染防止を施したうえで）、マウス（人の口）・ツー・ノーズ（ペットの鼻）で人工呼吸を施します。

胸部圧迫を5回行った後、ペットの肺の容量に合う呼気を1回吹き込み、その流れを繰り返します。吹き込み量には注意が必要です。胸のふくらみを確認しながら、呼気を入れすぎないようにしてください。普段の呼吸時の胸部の高さ（ふくらみ）を観察しておくことと、ペットの呼吸を自分の肺で真似てみることで、必要な吹き込み量のおおよその目安がつくでしょう。一連の流れは図16の動画で確認してください。

〈鳥類・爬虫類〉

嘴のある鳥類や爬虫類では、鼻から呼気を入れることはほぼ不可能なため、嘴を開いた状態にしながら実施する必要があります。処置の流れは図19の動画で確認してください。マウス・ツー・マウスの人工呼吸は、救助者の口が鳥類や爬虫類の口を十分に覆うことができる場合に行います。胸部刺激を5回実施して、ペットの舌をピンセットなどで引き出した状態で、肺の大きさに応じた呼気量を口対口で1回吹き込みます（ガーゼやハンカチなどで感染防止を施すこと）。マウス・ツー・マウスの人工呼吸が困難な場合（救助者の口がその口を十分に覆えない大きさの鳥類や爬虫類）では、前に述べたフイゴ法やローイング法を実施します。

・ローイング法（図21）…救助者の口がその口を十分に覆えない大きさの鳥類や爬虫類で実施する。鳥類の場合は仰向けの状態で両方の羽の上部（上腕骨）を持ち上げて、

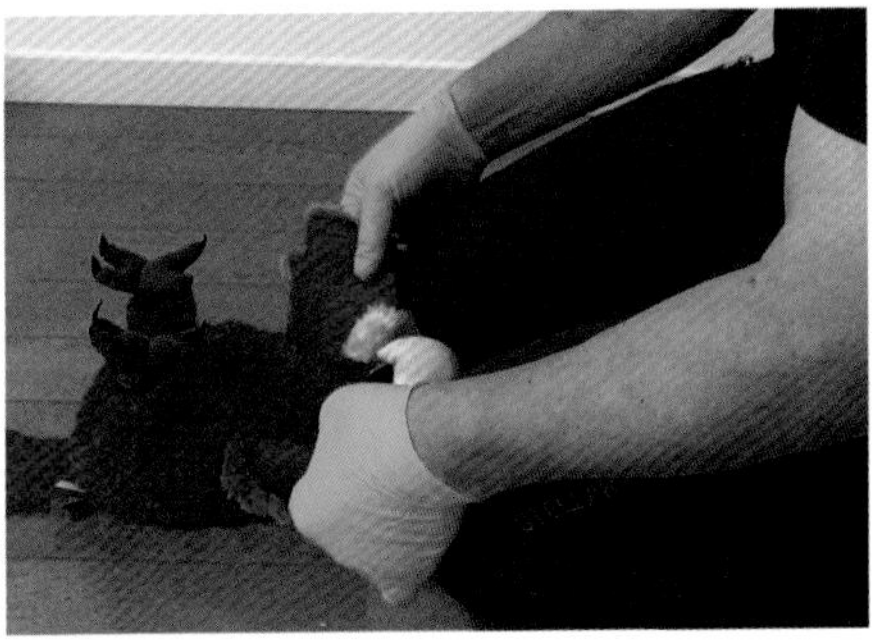

【動画】
https://petsaver.jp/video/rowing.mp4

図 21：ローイング法

仰向けの状態で両方の羽の上部（爬虫類では両前足）を持ち上げて、引き上げながら肩甲骨側に降ろす。なお、ローイング法は日本国際動物救命救急協会独自の手法であり、主に大型の鳥類や爬虫類で選択する。

引き上げながら肩甲骨側に降ろす（または、翼をたたみ、羽の基部［根本］を軽く回す）ローイング（ボートこぎのような）動作を繰り返す。それにより、呼吸筋への刺激、フイゴ呼吸の原理が成り立つため、口が開いていて気道が確保されているなら、ある程度の酸素が供給できると思われる。爬虫類では、仰向けの状態で両前足をローイングする。なお、特に鳥類では、処置による骨折などに注意する。

❹ウサギの心肺蘇生法

ここまで心肺蘇生法を段階順に解説してきましたが、以下におさらいとして、ウサギでの一連の流れを確認していきます。

〈心肺蘇生法を開始する前に呼吸の有無を判断する〉

①ウサギの前にそっとしゃがみこむ。

②名前を呼びかけながら鼻の穴と胸の動きを観察する（図22A）

③鼻の前に耳を置く。ウサギの呼吸の風（空気の動き）、呼吸音を確認する。

④呼吸音が聞こえない、胸が上下運動していない場合は、気道確保のためにウサギの頭を後ろ向きに軽く傾ける。

⑤口の中を確認し、喉に異物（ペレットなど）の詰まりがないかを確認する（図22B）。異物があれば、綿棒や先端が丸いピンセットで摘出する。
⑥呼吸停止が確認できれば、心肺蘇生法を開始する。
＊呼吸停止の場合、搬送を手配し、動物病院へ連絡する。

〈心肺蘇生法の手順〉
①気道を真っ直ぐにする（気道確保）。
②舌を引き出し、手でウサギの口を閉じる。
＊体が小さなペットでは舌が引き出せないこともある。その場合、異物がないことを確認したら、そのまま鼻または口から人工呼吸を開始する。
③心臓の位置は前足の肘関節を曲げたところ（第4、5肋軟骨結合部）にある（図14）。
④胸部圧迫は片手（利き手）で実施（図22C）。胸部圧迫により、血液中に含まれている酸素を脳に送り続ける。
⑤胸部圧迫に続き、人工呼吸を実施（図22D）。
＊胸部圧迫を5回行った後、人工呼吸を1回実施。1秒かけて1回、鼻からゆっくりと呼気を吹き込む（胸のふくらみを確認しながら、量に注意）。

＊感染防止のため、ウサギの鼻の上にガーゼやハンカチ（布）を置く。
＊一時的に意識を消失したウサギが覚醒したり、意識があるウサギに心肺蘇生法を試みると、跳び上がったり、暴れることがあるため要注意。

❺反復練習が大事

心肺蘇生法は、動物病院に到着するまで継続しなければなりませんが、練習を積むことなく実行すること

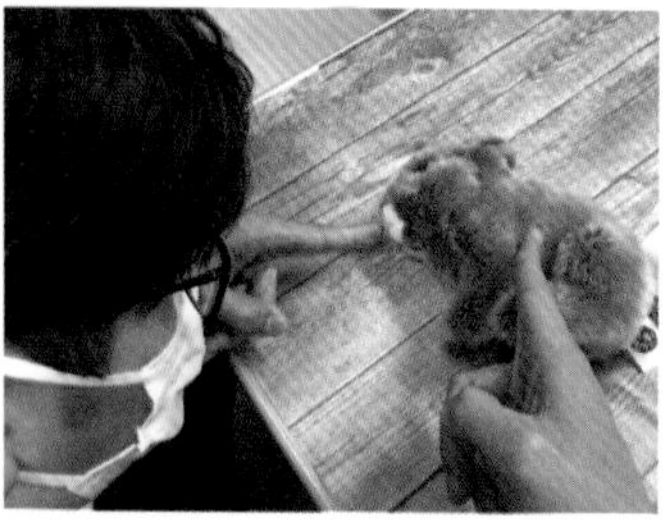

A：呼吸確認

B：口の中の確認

C：胸部圧迫（側臥位：心臓ポンプ理論）

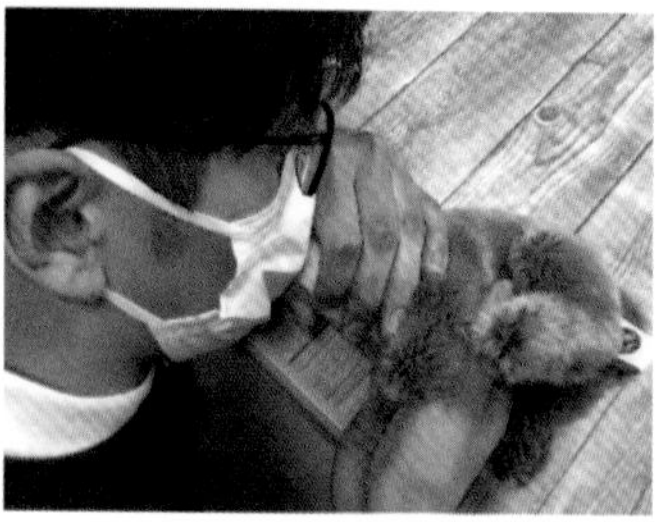

D：人工呼吸（マウス［人の口］・ツー・ノーズ［ウサギの鼻］）

図22：ウサギへの心肺蘇生法

は困難です。日頃から、「救命の連鎖」の1つ目の輪から5つ目の輪までの一連の流れを、ぬいぐるみを使って反復練習しておくことが、突然の呼吸停止に対する救命の鍵になります。

自身がどれくらい確実に実行できているかをチェックするために、練習風景を家族などに動画撮影してもらうとよいでしょう。

・5つ目の輪…動物病院への引き継ぎ（獣医師に引き継いでも、ペットへの声かけを行い、脳への刺激を継続）。
・4つ目の輪…動物病院への搬送（車内でも心肺蘇生法を継続）。
・3つ目の輪…一次救命処置（気道異物の摘出、心肺蘇生法の実施）。
・2つ目の輪…搬送手段（タクシー、家族の運転など）と動物病院の手配。
・1つ目の輪…呼吸停止状態に陥ったペットを発見、安全と反応確認。

6. 蘇生した際の注意点

心肺停止からの蘇生時は、徐々に自発呼吸が戻り、回復するケースが多いですが、仮死状態や意識障害の場合は突然跳び起きることがあります。その際、テーブルなどの高所から落下し、負傷することがあります。体格が小さいペットでは、テーブルの上からの落下は、人でいうとマンション3階からの落下と同等の危険度ともいえます。したがって、心肺蘇生法は床などできるだけ低い位置、あるいは落下しない場所で実施することが大切です。前に述べたとおり、テーブルの上で実施する場合は、蘇生時に落下しないように対策してください。

その他の注意点として、車での搬送中に突然動くこともあります。跳び出し防止のため、車内のすべての窓を閉めておくことも忘れないでください。また、洗濯ネットを活用することもおすすめします。

この節では救命救急法（心肺蘇生法）の基本を紹介してきましたが、このような処置を懸命に進めたとしても助からない命はあります。しかし、飼い主としての役割と責任を最大限果たしたわけですから、自身を責めないようにしてください。一緒に過ごしてくれたペットに感謝し、魂を送るしかありません。少し落ち着けば、楽しかったことを思い出してください。さまざまな体験や失敗から培った知識を活かし、次に迎えるペットに愛情を注ぐことが大切なのではないかと思います。

TOPIC

魚類、両生類の心肺蘇生法は困難

水中で暮らす鰓呼吸の魚類には、陸に上げた状態での心肺蘇生（一般的な人工呼吸）はできません。両生類は肺呼吸プラス濡れた皮膚での皮膚呼吸の組み合わせですから、心肺蘇生法を施したとしても哺乳類などと同様の効果は得られません。たとえば、メキシコサラマンダー（ウーパールーパー）の場合、幼体は鰓呼吸、成体は肺呼吸プラス皮膚呼吸を行いますので、成体ではいくらかの効果が期待できる可能性はあります。

キーポイント

- 自身のペットの診療に強い動物病院にかかりつけておく。救命処置への対応の可否も要確認。
- かかりつけの動物病院の電話番号を携帯電話に登録する。できれば2カ所以上受診（登録）しておく。休診日や受付時間も要確認。電話番号を素早く検索できて、カルテ番号も同時にわかるように工夫する。
- 近くの夜間救急動物病院の電話番号も登録する（診療対象動物も要確認）。
- 動物病院に電話がつながったら、カルテ番号とペットの容体を伝える。
- 動物病院への搬送は友人や家族の運転、あるいはタクシーを手配する。
- 加齢や病気などで飲み込む力が弱くなり、異物を気道に詰めることがある。強制給餌が誤嚥の原因になることもある。
- フードが体に合わないことで窒息することがある。
- 食べやすい高さのフードトレイを用いる（誤嚥予防）。
- 異変があればすぐに気づくよう、食事が終わるまでは近くにいる。

・床材（チップなど）、オモチャで窒息することも多い。
・チアノーゼの徴候に要注意。
・異物の摘出には綿棒や先端が丸いピンセットを用いる。
・異物誤飲は予防が大事。環境の再チェックを。
・ぬいぐるみを使い、心肺蘇生法を繰り返し練習する。人工呼吸を練習するときには、平時のペットの呼吸の仕方を観察する。
・気道確保時には、頭部を反らせすぎないように（頸椎を傷めないように）注意し、気道内の異物も確認する。
・心肺蘇生法時の体勢は体型で変わる。自身のペットでは仰向け（胸郭ポンプ理論）なのか、横に寝た状態（心臓ポンプ理論）なのかを知っておく。
・胸部圧迫の深さは、胸の幅が元の1／3になることが目安。
・鳥類や爬虫類は人工呼吸が優先される。
・人工呼吸時の感染防止対策を忘れない。
・蘇生後に突然激しく動くことがある。落下や逸走による事故などが起こらないよう、心肺蘇生法を実施する場所や対策を考慮する。
・動物病院スタッフにバトンタッチするまで心肺蘇生法を継続する。

第2章

EXOTIC PET FIRST AID
FOR EVERYONE, EVERYWHERE

救急疾患と日常の危機に対する応急処置

第１章で述べてきたとおり、ペットの多くは病気であることを隠す習性があるため、飼い主が異変に気づいたときには、すでに重症になっていることが多々あります。あるいは、どういった状態が重症であるかを知らなければ、さらに発見が遅れ、助けることができなくなるかもしれません。いつの場合も、早期に発見して命をつなげることが大切です。

第２章では、そのために必要な知識として、エキゾチックペットの代表的な救急疾患の原因や症状、応急処置の方法などを紹介していきます。

1 救急疾患

病気を早期に発見するコツは体重を計ることです。毎日の食事量と排泄量を観察することは飼養管理の基本ですが、体が小さな個体ほどその評価はなかなか難しいものです。そのため、定期的な体重測定で状態を把握します。たとえば、体重が10％減少していたら、飢餓状態、重度の脱水、貧血などが起こっています。つまり、体重40グラムの小鳥やハムスターが4グラム減れば、これらを疑います。体重は、料理用はかりで直接、あるいは虫かごなどに入れて測定してください（図1）。大きな体のペットでは、人用の体重計で抱っこす

図１：体調管理には定期的な体重測定が大切

るか、キャリーケースに入れて測定し、自分の体重あるいはキャリーケースの重量を引いて計算します。

便や尿の性状チェックも重要です。毎日お世話をしていれば、異変の早期発見ができるはずです。いつもと違う場合は、「あれ？」と疑問を感じ、注意深く観察してください。

救急疾患において、飼い主からよくある訴えを8つのカテゴリーに分類しました（図2）。注意すべきは、飼い主が「○○だろう」と思っていても別の病気のこともあることです。

1．呼吸困難

❶原因・症状・応急処置

第1章の「呼吸困難」の項を参照してください（44ページ）。

呼吸困難	虚脱・低体温	下痢・脱腸	ケガ・出血
発作・ふるえ	中毒	足がおかしい	尿がおかしい

図２：救急疾患におけるよくある訴え（症状）

❷事例

〈ウサギ〉

鼻水を伴う「スナッフル」といわれるパスツレラ菌などの感染による副鼻腔炎や肺炎、肺挫傷（事故）、肺腫瘍（子宮がんなどの肺転移）、高齢のウサギでは胸腺腫という胸の腫瘍（ときに眼が飛び出たり、皮膚病を伴う）、腹腔内がふくれることによる胸の圧迫（急性胃拡張、子宮疾患、腹水）、貧血などがあります（図3、4）。

図3：呼吸困難のウサギ（スナッフル）

くしゃみ、鼻水、鼻詰まりの症状がみられる。

〈フェレット〉

リンパ腫という血液系のがんや心臓病によって胸腔に液体が溜まり（胸水）、呼吸困難になることがあります（図5）。

〈ハリネズミ〉

口腔内腫瘍が多く、その肺転移によって呼吸困難になることがあります（図6）。

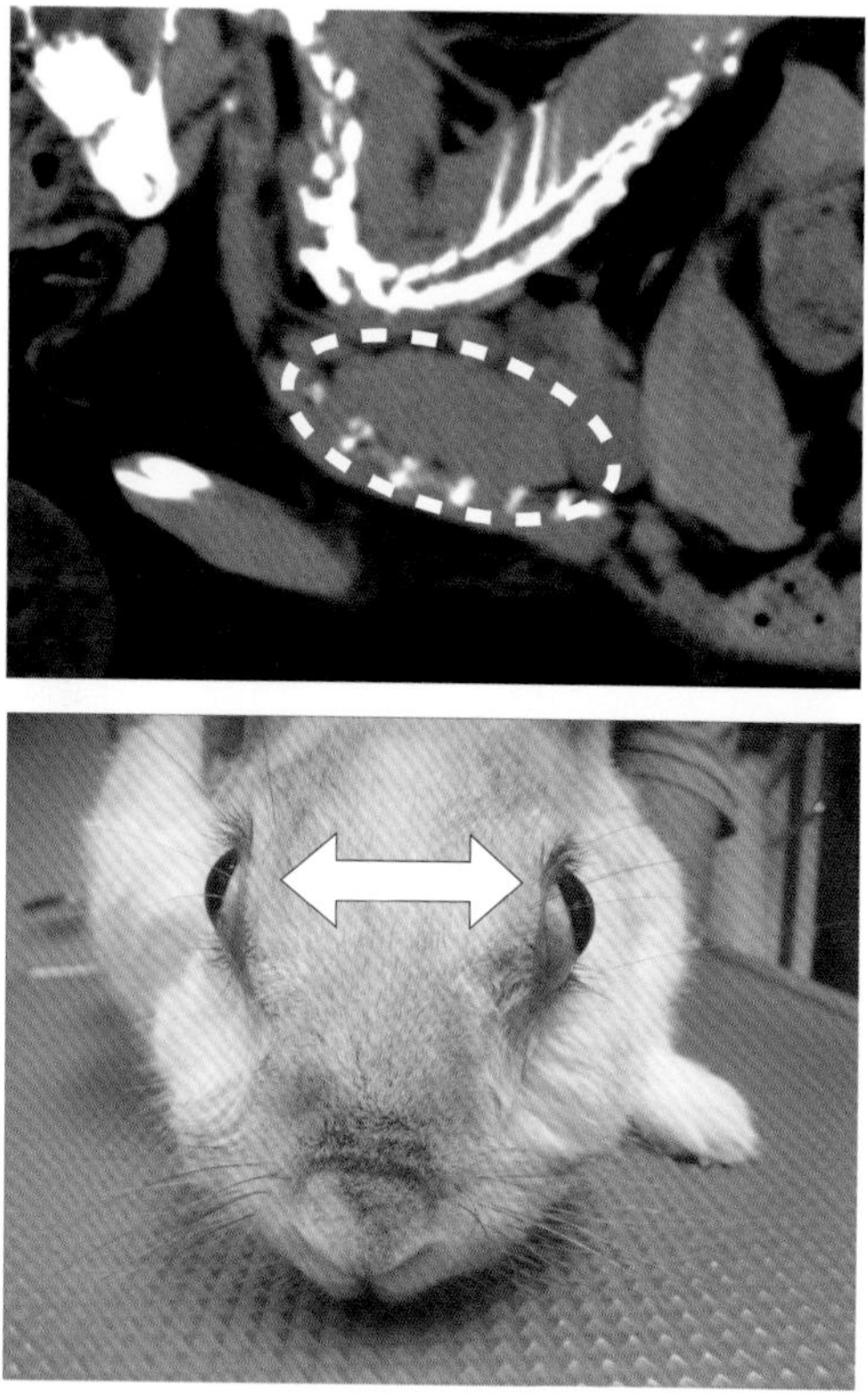

図4：呼吸困難のウサギ（胸腺腫）

上：CT 検査で腫瘍が観察される。
下：眼球の突出がみられる。

〈チンチラ、デグー、ハムスター、シマリスなど小型げっ歯類〉

踏みつけやドアへの挟み込みなどが原因の肺挫傷、ときに腫瘍の肺転移、熱中症などで呼吸困難になることがあります（図7）。

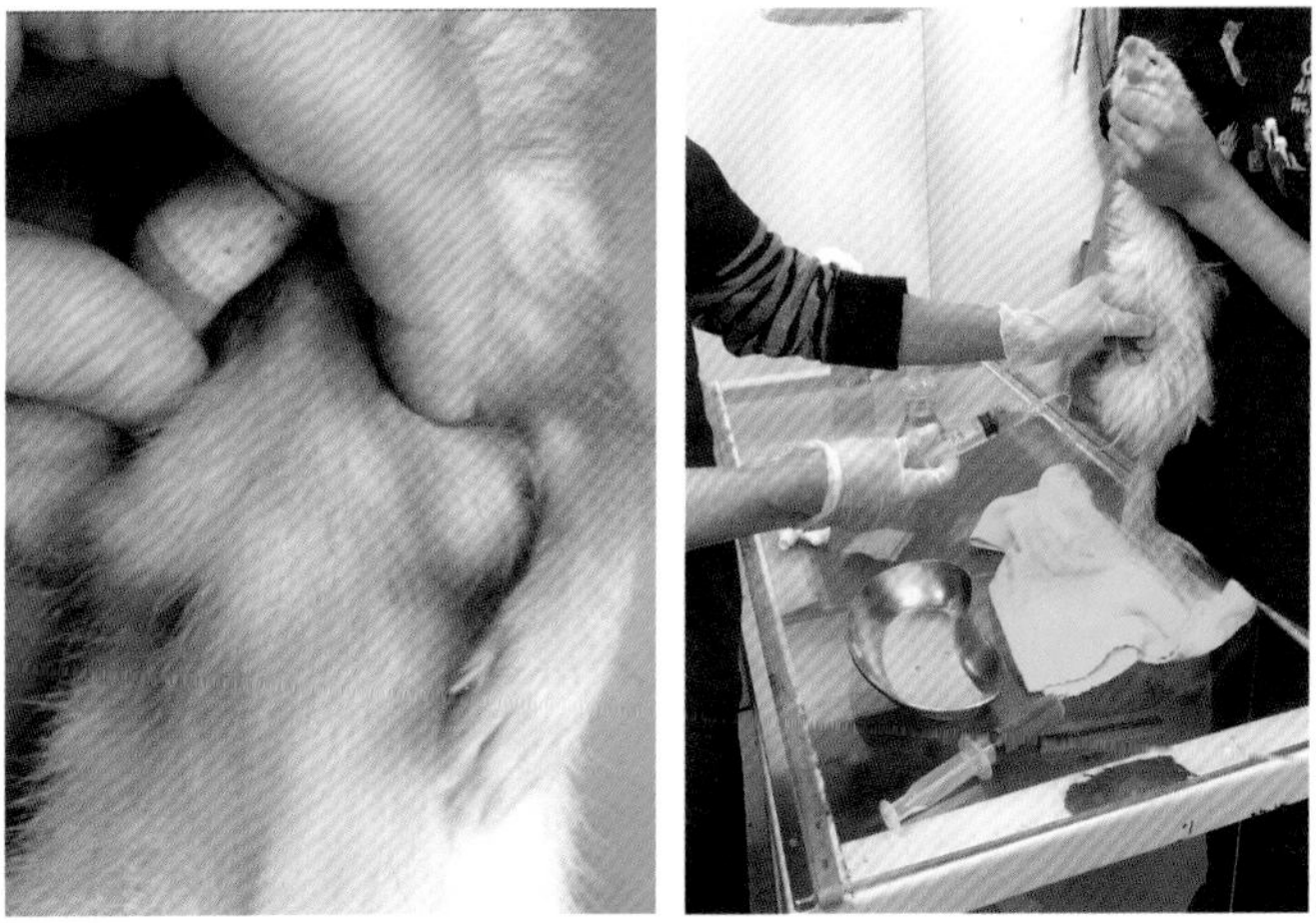

図5：呼吸困難のフェレット（リンパ腫による胸水）

左:脇の下のリンパ節の腫れが認められる。右:胸水の抜去処置。

図6：呼吸困難のハリネズミ（口腔内腫瘍の肺転移）

左:顔面に発生した腫瘍。右:呼吸困難のため大きく開口して呼吸している。

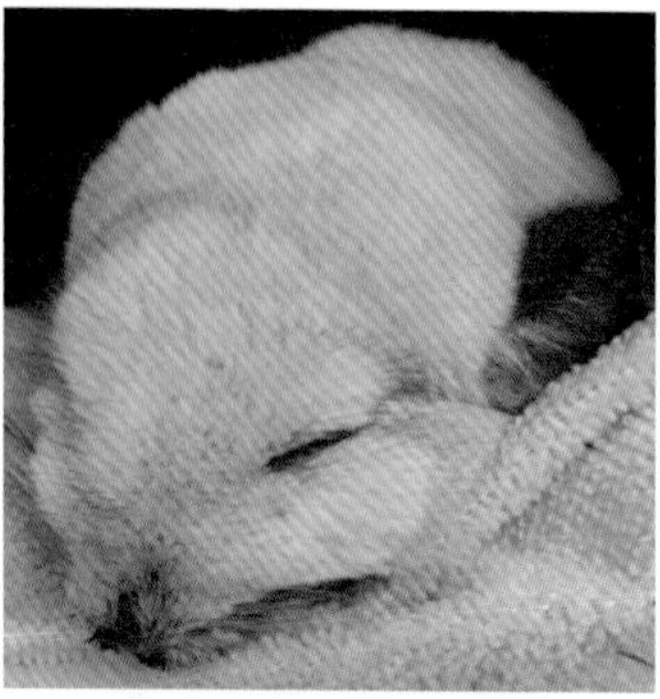

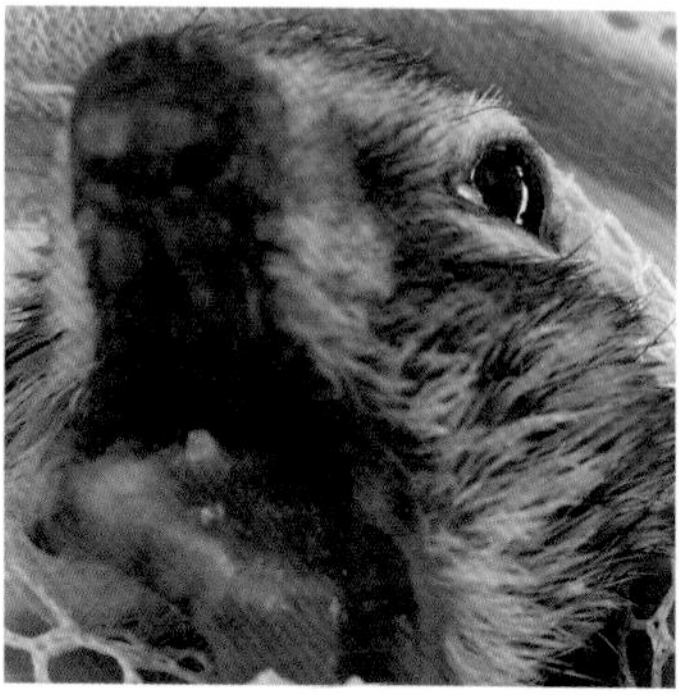

図7：呼吸困難の小型げっ歯類

左上：踏まれて肺挫傷を起こしたチンチラ。
右上：腫瘍が肺に転移したシマリス。
左下：熱中症で呼吸困難のハムスター。

〈小鳥〉

感染症や代謝疾患による貧血、卵塞（卵詰まり）など卵管の病気などで呼吸困難になることがあります（図8）。

図8：呼吸困難のブンチョウ

2. 虚脱・低体温症

❶原因・症状・応急処置

よくある虚脱・低体温症の原因として、寒冷や熱中症、二次的な脱水などによるショック状態があります。症状としては、食べない、動かない、反応しない（意識不明）、けいれんなどがあげられます。熱中症で低体温というと不思議に感じるかもしれませんが、熱中症の発症直後はもちろん高体温に（体や耳が熱く）なります。その後、ショック状態を呈し弱ったため低体温症になるのです。このような症状が認められれば、すみやかに動物病院に搬送してください。

応急処置としては、低体温症なら、砂糖水などで糖分と水分を補給し、キャリーケースの下（保温は下から）にカイロなどを付けて加温します。

熱中症による高体温の場合は、犬や猫なら体をぬるま湯で濡らした後、風で気化させるのですが、弱ったエキゾチックペットでは、そのこと自体がストレスになったり、一気に低体温症となりショック死することがあるため、むやみに濡らすべきではありません。高体温で弱っていると思われる場合は、飲めるなら水分を与え、キャリーケースの上にアイスパック（保冷剤）を置いて（冷気は上から降りる）、暗く、静かにして、極力ストレスをかけないように注意しながら動物病院に搬送してください。ウサギでは、熱で赤くなった耳を携帯扇風機や常温の水を吹きかけて冷やすことができます。なお、熱中症は次の節で詳しく解説します。

❷事例

〈ウサギ〉

毛玉や異物が小腸で詰まることで急性胃拡張となり、ショック状態になることが多くあります（**図9**）。また、切歯（前歯）や臼歯（奥歯）が伸びすぎて（不正咬合）、うまくフードが食べられないことから食欲が低下することがありますが、それを見

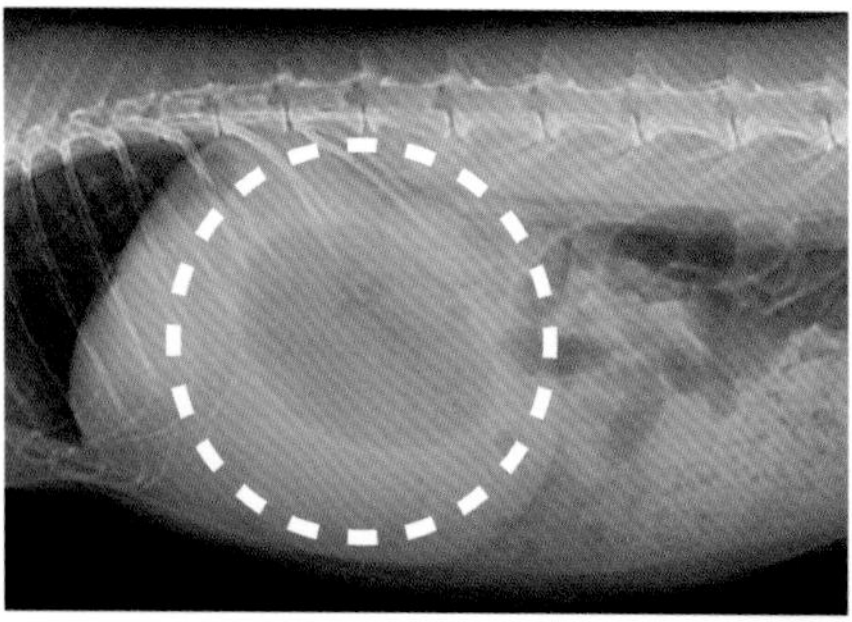

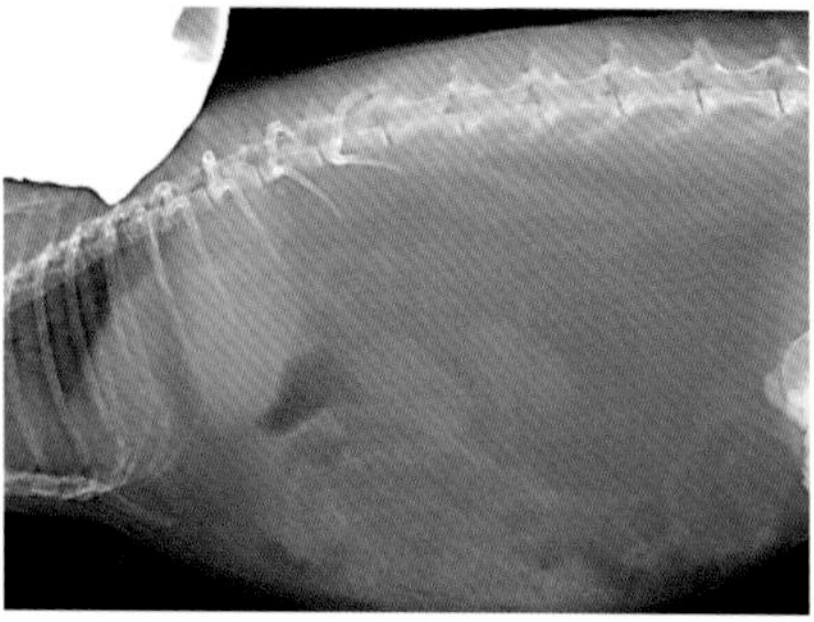

図9：ウサギの虚脱・低体温症（急性胃拡張）

上：治療前のX線画像（胃が大きく拡張している）。

下：治療翌日。

逃すと虚脱状態になることもあります（図10）。

〈ハムスター〉

気温が5℃以下（ときに10℃以下）になる冬、低体温症で動かなくなったハムスターの来院が多くなります。飼い主が就寝時に部屋の暖房を消してしまうことが原因です。朝に暖房をつけて室温が上がると元気が戻るので様子をみてしまいがちですが、これを複数回繰り返すと虚脱状態が改善しないことがあります。注意点として、急速に体を温めるとショックを起こすことがあります。低体温症をみつけ

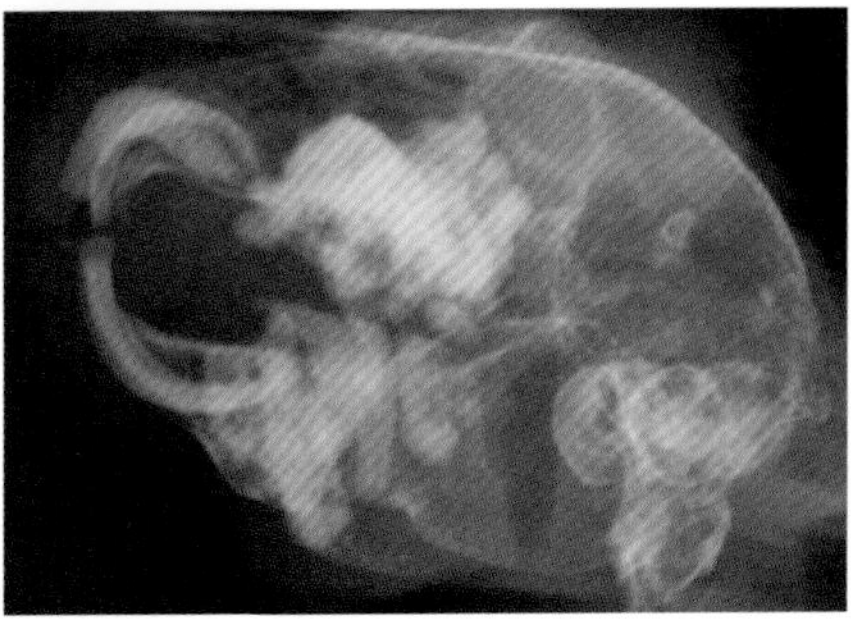

図10：ウサギの虚脱・低体温症（切歯・臼歯の不正咬合）

上：切歯の不正咬合（過長）。
下：臼歯の不正咬合のX線画像。

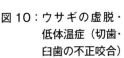

たら、ゆっくりと加温しながら動物病院に搬送してください（図11）。なお、低体温症は次の節で詳しく解説します。

〈小鳥〉

鳥の虚脱状態は死を意味します。鳥は弱っても最後まで止まり木にいる習性をもってい

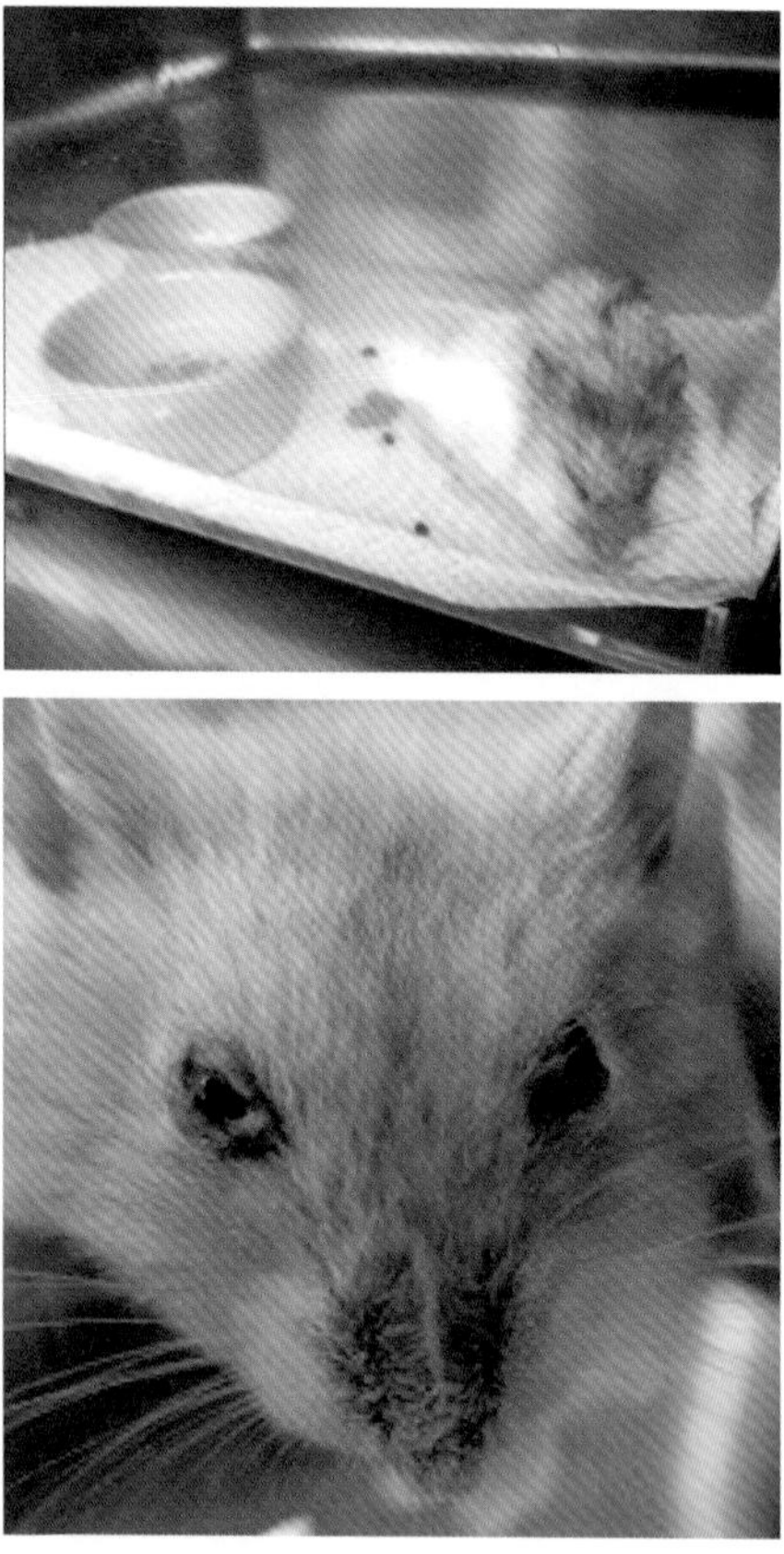

図 11：ハムスターの虚脱・低体温症

上：動物病院での ICU（集中治療室）管理。
下：眼をつぼめており、状態が悪いことがわかる。

ます。床に降りて虚脱状態になっている（動かない）ときは、かなり危険な状態だと理解してください。ただし、メスが発情期に床に降りることもあります。この場合は動きがあるため、虚脱ではないと判断できるでしょう。

〈爬虫類〉

爬虫類では特に飼養管理（温度・湿度、栄養、紫外線）不備が多くみられます。温度・湿度や紫外線の調整不足などにより、虚脱・低体温症が起こります。さらに、カルシウム、リン、ビタミンD3の不均衡につながり、特に低カルシウム血症が起こることがあります。具体的な症状としては、食欲不振や無気力、眼の腫れ、骨折、骨の肥厚や萎縮、甲羅の変形や軟化（成長不全）、神経症状などです。また、卵詰まりや変形卵も起こります（図12）。

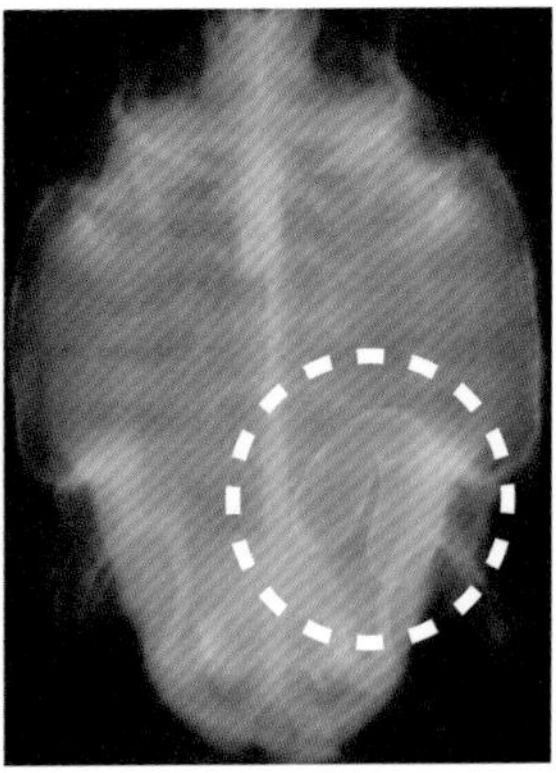

図 12：カメの虚脱・低体温症

左：甲羅の成長不全。
右：変形卵の X 線画像。

3. 下痢・脱腸

❶原因・症状・応急処置

下痢の原因としては、細菌、ウイルス、寄生虫の感染、不適切なフード、そのほか病気による二次的なものが考えられます。症状としては、お尻が汚れている（図13）、腸が出た（脱腸）などもみられます。応急処置としては、下痢による脱水があるため水分を補給しますが、早めに動物病院で原因を特定し、それに基づく治療を受ける必要があります。脱腸では、応急処置や手術が必要になるため、すみやかに動物病院に搬送してください。

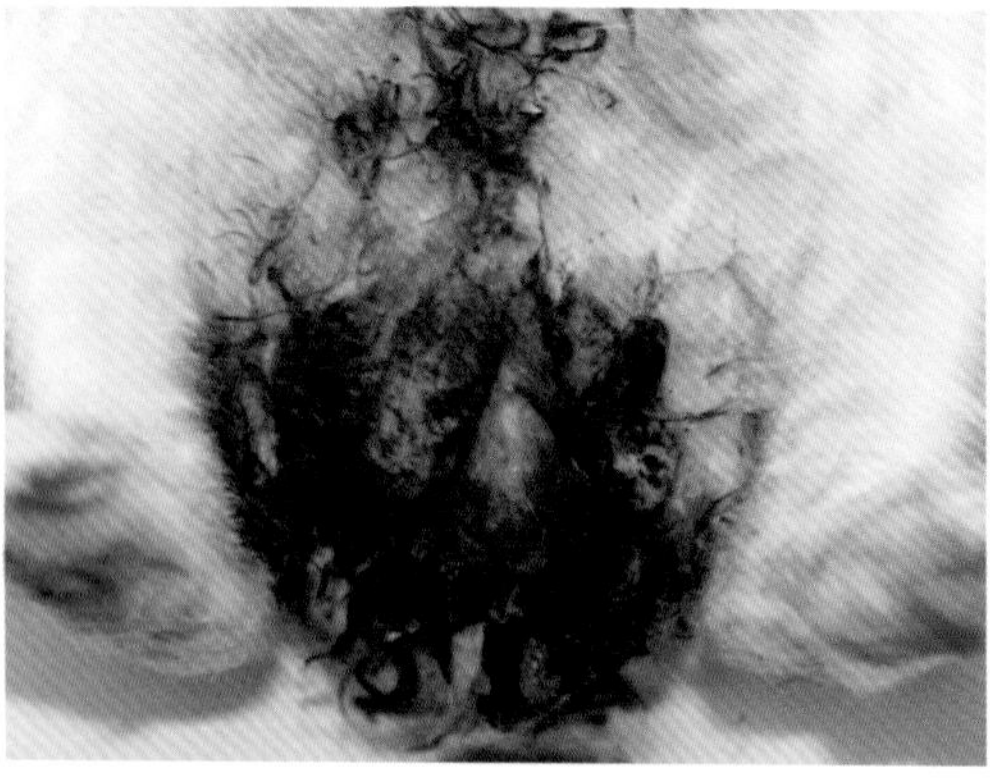

図13：ウサギの下痢（ハエウジ症の続発）

❷事例

ハムスターでは、下痢や腸重積（腸管の一部が巻き込まれ、重なってしまう状態）が原因で、直腸が肛門から脱出する状態（直腸脱）となることがあります。ちなみに「ハムスターの口から腸（胃）が出てきた」という主訴での来院がたまにありますが、これは頬袋《ほおぶくろ》脱《だつ》といい、頬袋に入れた食べものの量が多かったりした際に頬袋がひっくり返って口から出てくる状態です（図14）。

そのほか、鳥類や爬虫類の卵詰まりによる下痢や脱腸、フクロモモンガやカメなどでみられるペニスの飛び出し（陰茎脱）、カメの卵管脱もあります（図15、16）。

4．ケガ・出血

❶原因・症状・応急処置

ケガ・出血の原因としては、裂傷、打撲、血尿（おりもの）、爪の損傷などが代表的です。止血など応急処置の注意点として、エキゾチックペットの場合、体にさわって何かしようとすると余計に暴れて血圧が上昇し、出血しやすくなることがあります。さらに、ストレス自体が危険性を伴うことから、無理に処置を進めるべきではありません。暴れない、それほどストレスがかからないという状況であれば、以下のように進めます。

まず、乾いた布（ガーゼ）で傷口を2分以上圧迫します。出血が止まれば、布をテープで固定します。皮膚が裂けている、穴が開いているという場合は、温めた水道水で患部を洗浄して、布を当ててテープで固定します。

　鼻血の場合、鼻の上に保冷剤を当てることで血管が収縮し、止血しやすくなります。爪の損傷では、まずはペットを落ち着かせ、

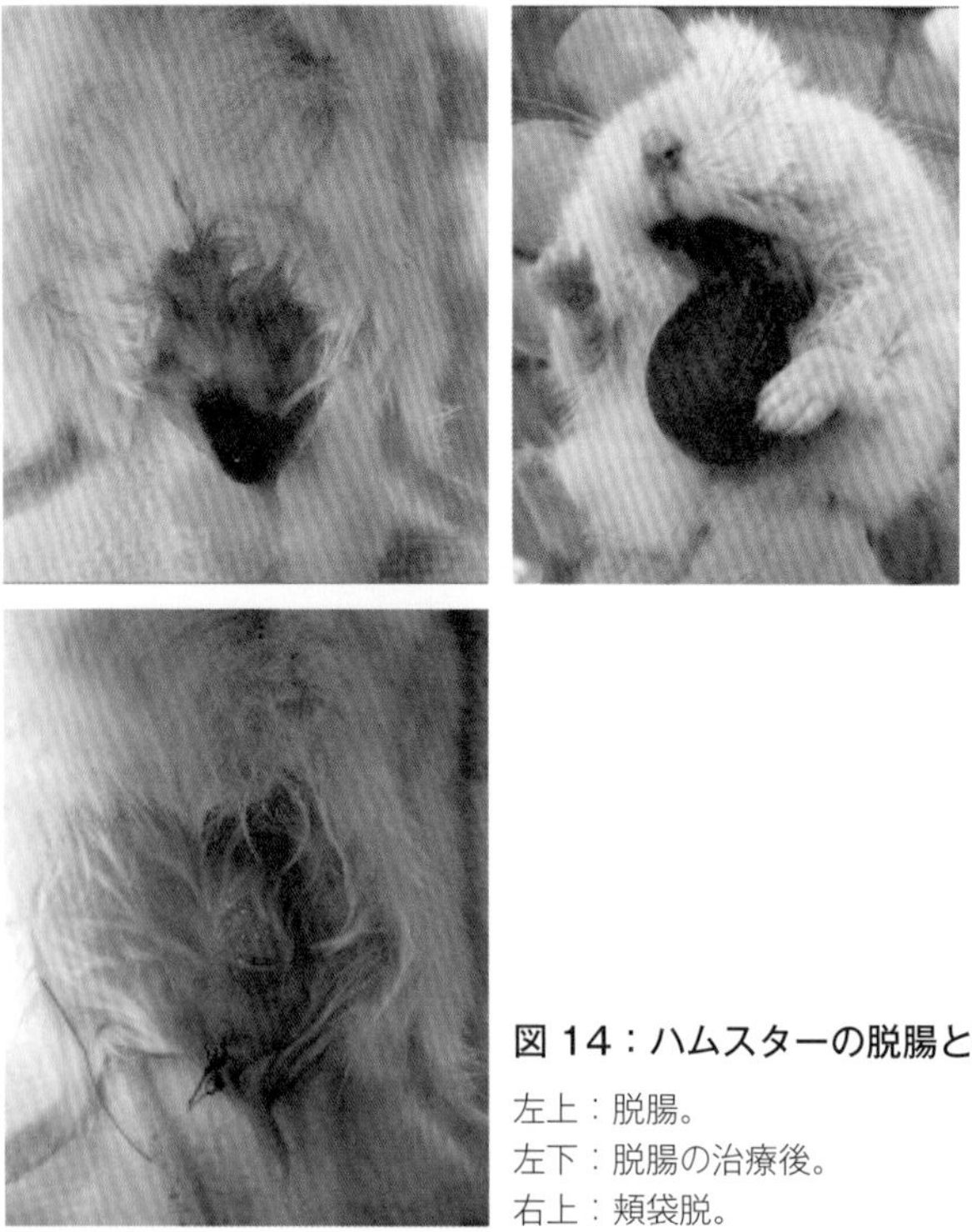

図 14：ハムスターの脱腸と頬袋脱

左上：脱腸。
左下：脱腸の治療後。
右上：頬袋脱。

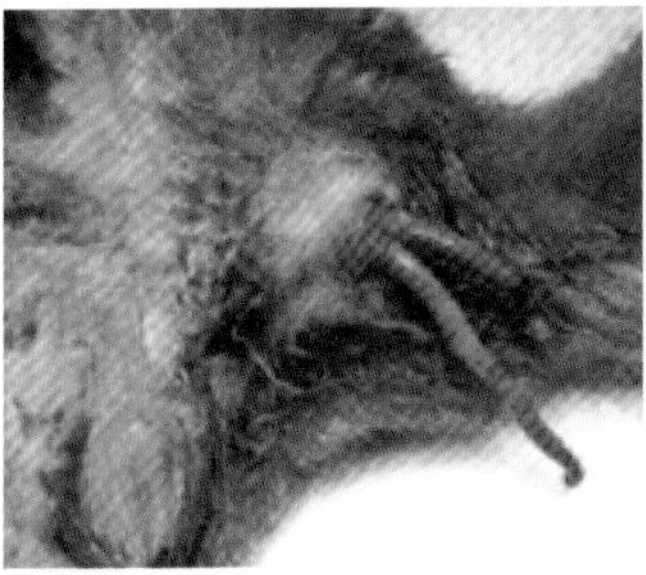

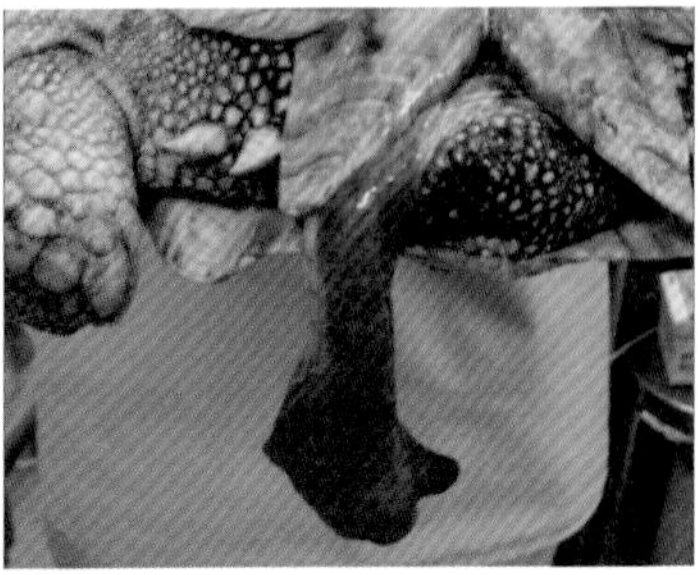

図 15：フクロモモンガとカメの陰茎脱と卵管脱

左上：フクロモモンガの陰茎脱。
右上：カメの陰茎脱。
左下：カメの卵管脱。

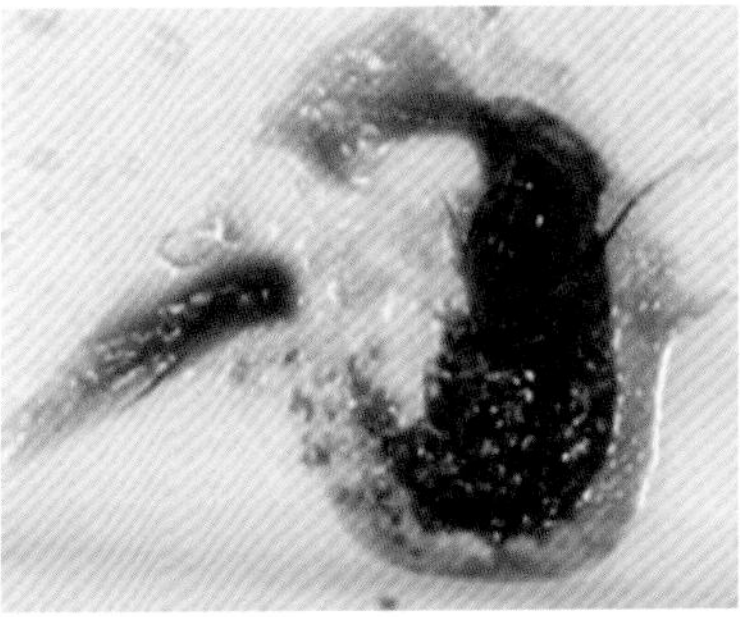

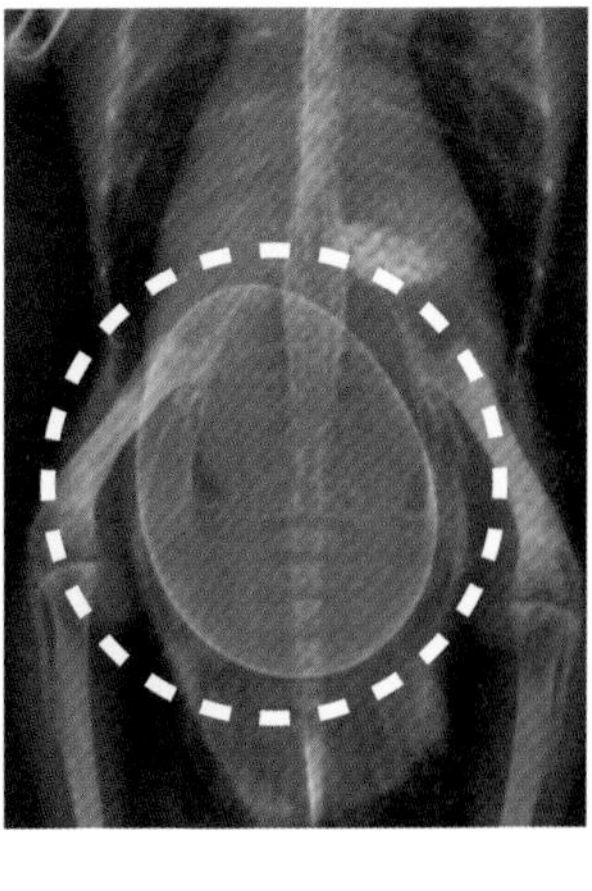

図 16：鳥の下痢と卵詰まり

左：下痢。
右：卵詰まりの X 線画像。

可能なら爪の先端に直接、止血パウダーや小麦粉などを塗ります。
　なお、止血法は次の節で詳しく解説します。

❷事例

〈ウサギ〉
　足の裏の出血（足底潰瘍［ソアホック］）、皮膚の裂傷、尿やけなどによる皮膚のびらんや潰瘍、爪の損傷（折れ）、子宮疾患による血尿（出血にみえる）などがみられます（図17）。

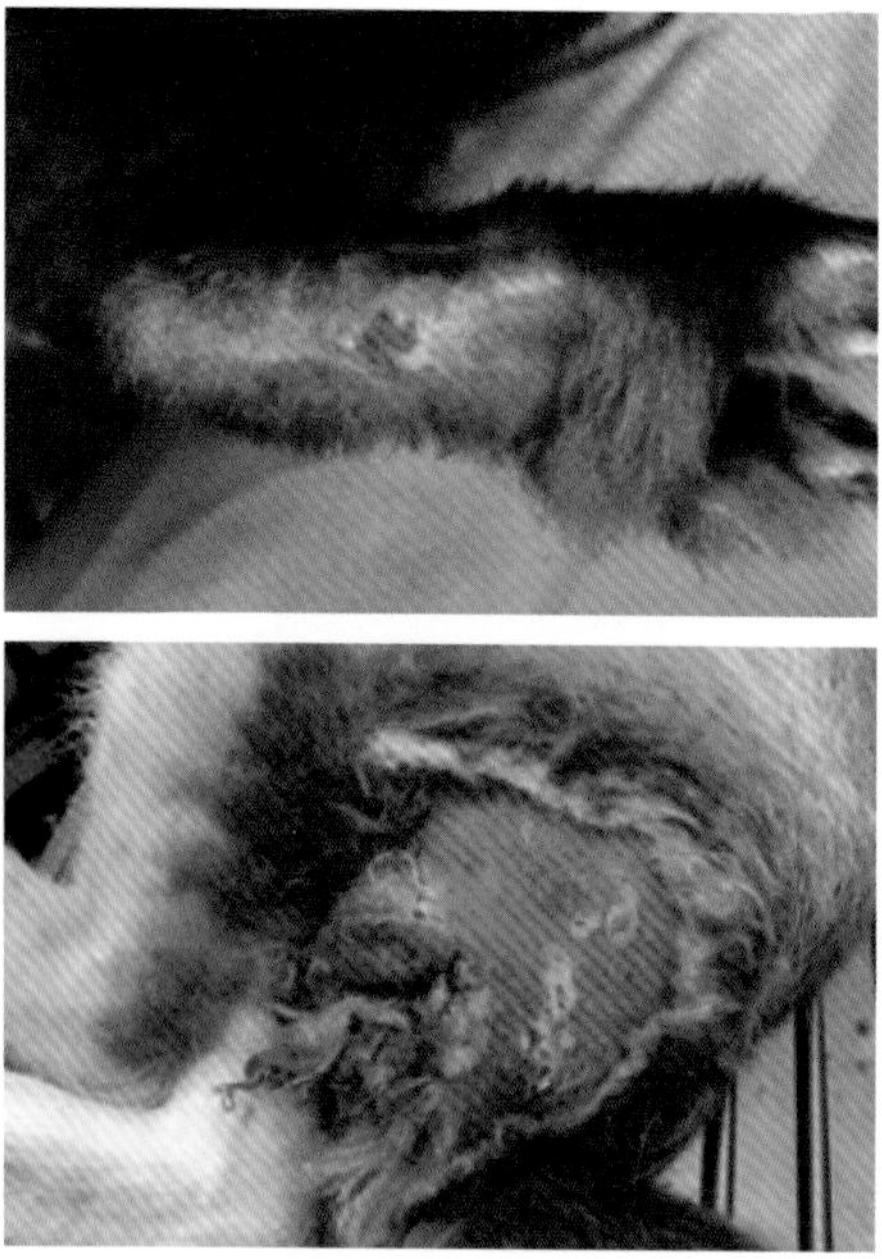

図 17：ウサギのケガ・出血

上：足底のびらん・潰瘍。
下：盲腸便過剰付着・尿やけによる皮膚炎。

〈ハリネズミ〉
口腔内や皮膚の腫瘍、子宮疾患により出血が確認されます（図18）。

〈ハムスター、デグー、シマリス、フクロモモンガ〉

　ハムスターでは、同居個体との喧嘩、人による踏みつけ、猫などによる咬傷、腫瘍、子宮疾患など、デグーやシマリスなどでは尾抜け、フクロモモンガではストレス性の自咬症（自らの体をかむ）などがみられます（図19）。

〈鳥類〉

　鳥は水浴びの習性があることから、沸騰したお湯にも飛び込んでしまいます。

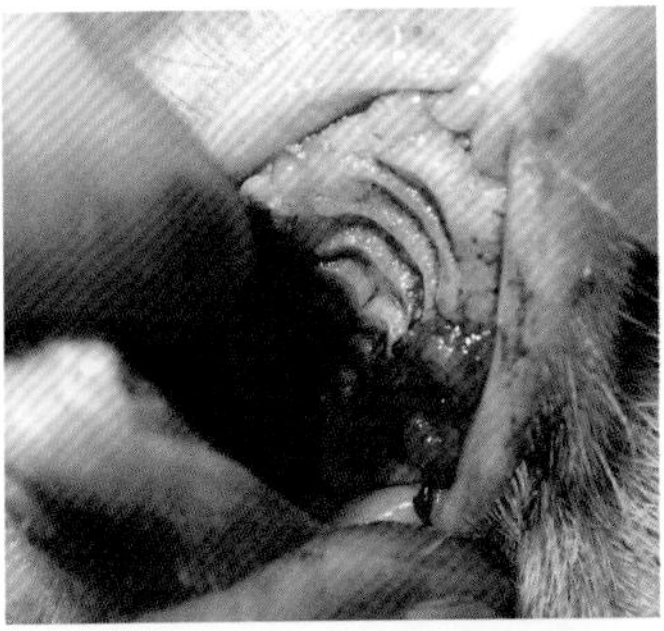
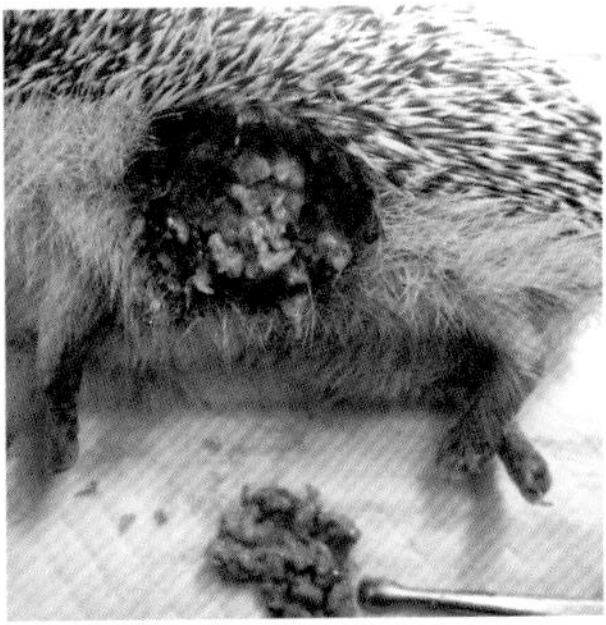
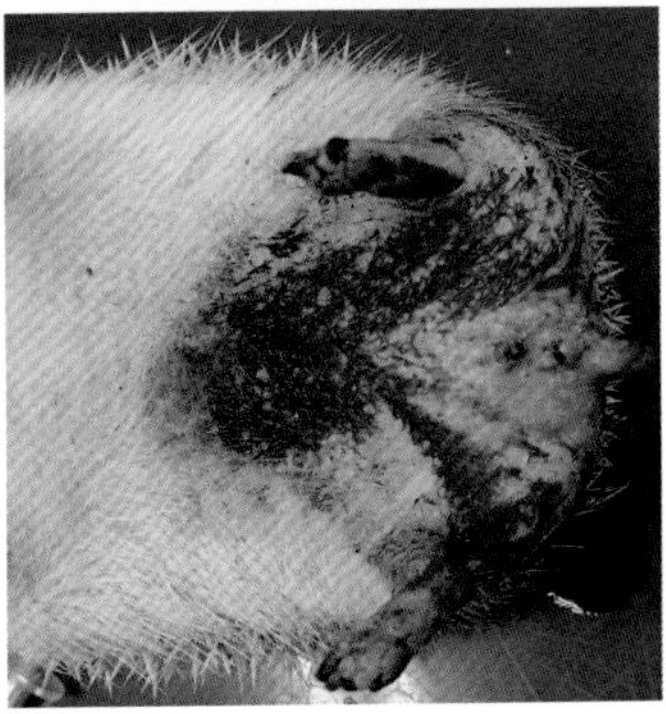

図18：ハリネズミの出血

左上：口腔内の腫瘍。
右上：皮膚の腫瘍。
左下：子宮疾患による出血。

その際に、足や総排泄腔（おしり）などにやけどを負うことがあります（図20）。台所などで熱湯を沸かす際には、放鳥しないようにしてください。やけどについては、次の節で詳しく解説します。

〈カメ〉

ベランダや庭などで甲羅干しをしていた際の落下事故、あるいは犬・猫やカラスによる外傷（咬傷）などがみられます（図21）。咬傷については、次の節で詳しく解説します。

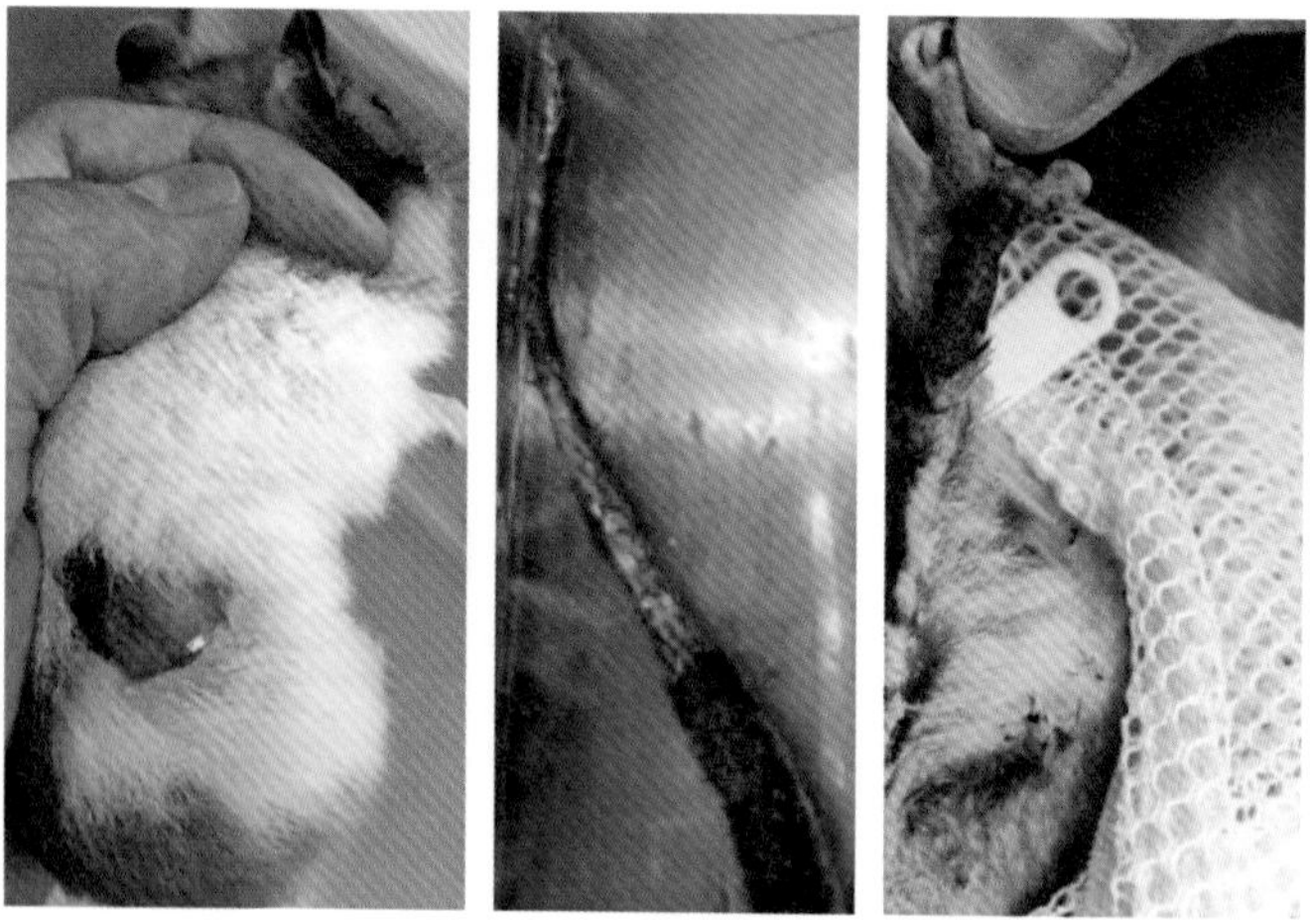

図 19：ハムスター・デグー・フクロモモンガのケガ・出血

左：ハムスターのケガ（同居個体との喧嘩）。
中：デグーの尾抜け（尻尾の皮膚が抜けた状態）。
右：フクロモモンガの自咬症。

5. 発作・ふるえ

❶原因・症状・応急処置

発作・ふるえの主な原因は、神経疾患、前庭疾患（平衡感覚をつかさどる領域の異常により神経症状が発現する状態）、熱中症、ミネラル障害などです。具体的な症状として、意識障害、けいれん（約1～2分）、足の旋回運動、眼球振盪《しんとう》（眼振）、ローリング（ぐるぐる回る）、ふるえ、尿漏れなどがみられます。

発作時の応急処置では、ケガをさせないように周囲を片付け、タオルなど軟らかいもので防護し、暗く静かな場所を与えます。熱中症が疑われる場合はゆるやかに冷やす必要もあります。また、犬や猫への対応でも同じですが、口から泡を吹いたりしていても、口の中に指を入れるとケガにつながるため、

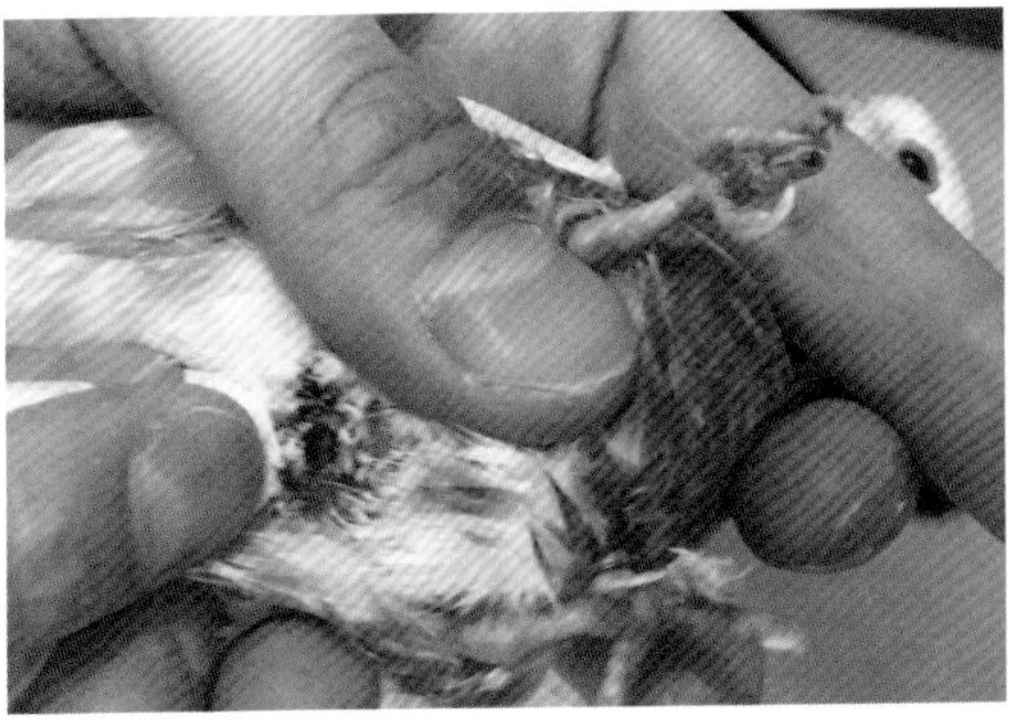

図20：インコのケガ（やけど）

やってはいけません。

　フェレットにけいれんが認められた場合は、低血糖（インスリノーマ）が疑われます。対応として、濃い砂糖水を口に入れてから、すぐに動物病院に搬送してください。また、いざというときに砂糖水を準備しようとしても、慌てるかもしれませんし、時間を要する可能性もあるため、市販のブドウ糖補給ゼリー（製品名「グルコレスキュー」）を常備しておくこともおすすめします。

　ウサギが首をまげて（斜頸）、ぐるぐる回っていれば（ローリング）、重度の神経疾患を疑います。原因はパスツレラなどの細菌感染や、微胞子虫（エ

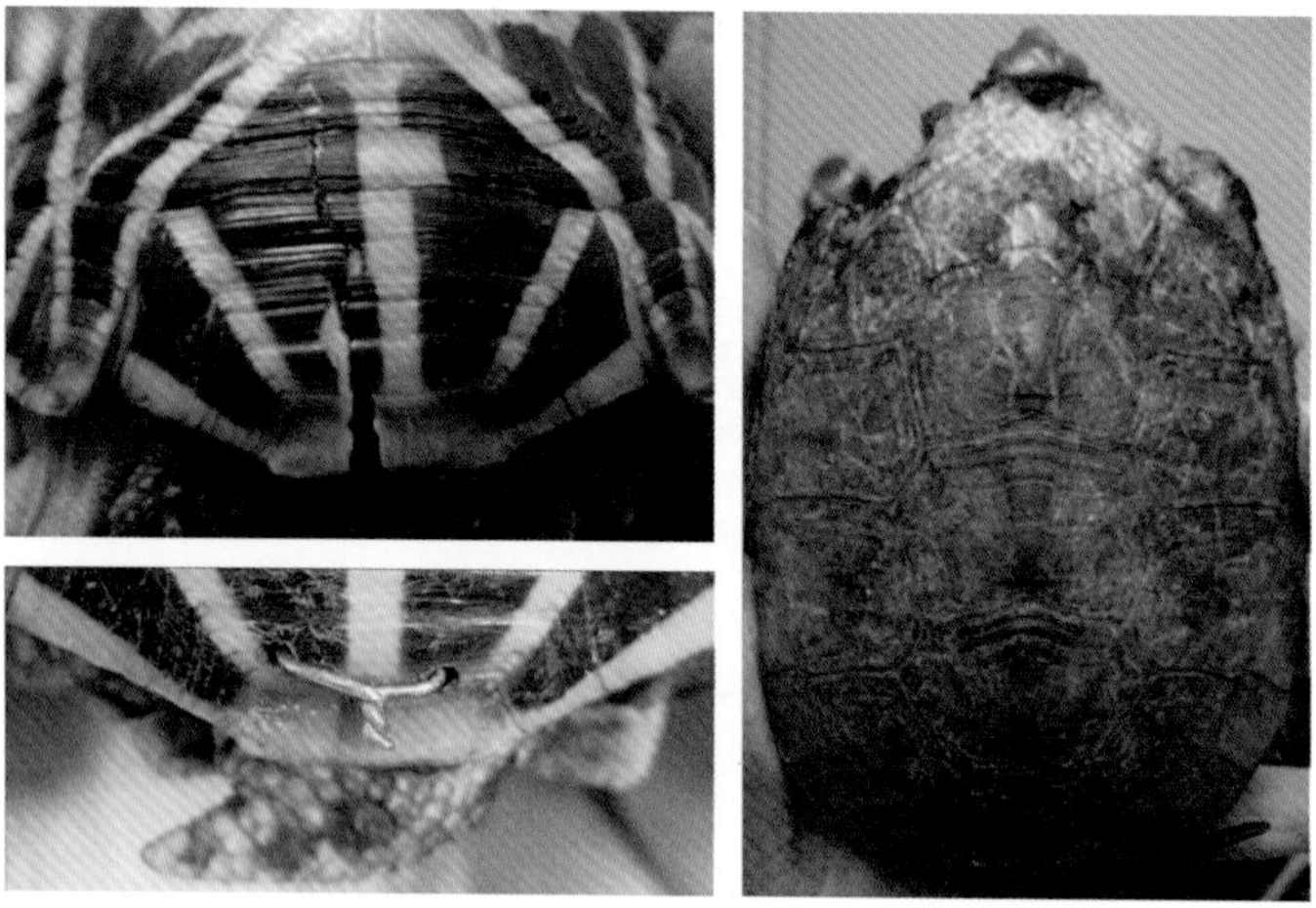

図21：カメのケガ

左上：落下事故によるケガ。左下：上の治療後。右：犬による咬傷。

ンセファリトゾーン）の感染が考えられます。発作時はタオルなどを入れたキャリーケース内に収容し、暗く、静かにして、極力ストレスをかけないように注意しながら動物病院に搬送してください（図22）。

❷事例

〈ハリネズミ〉

ハリネズミでは、主に後ろ足がきかなくなる、ふらつき症候群という特有の病気があります。原因は不明ですが、髄膜炎や脊髄疾患との鑑別が必要です。注意点として、口から泡を吹いて体につけようとする生理的な行為（アンティング）があり、これは発作ではありません（図23）。

〈ハムスター、デグー、チンチラ〉

ハムスターでは、脳炎や髄膜炎などによる神経症

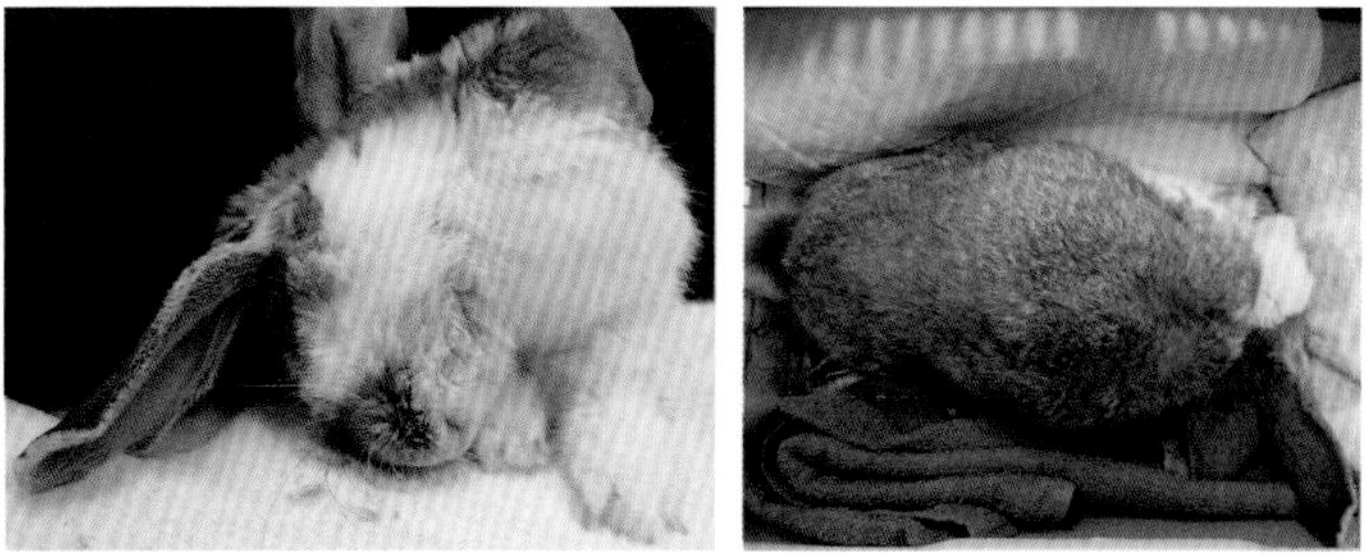

図22：ウサギの発作・ふるえ

左：ローリングを起こしたウサギ。
右：タオルを入れたキャリーケースでの搬送。

状がみられることがあります。また、ハムスター、デグー、チンチラなどでは、重度な消化器疾患によるミネラル障害からふるえを起こすこともあります（図24）。

〈フェレット〉

フェレットでは低血糖（インスリノーマ）で後ろ足がもつれたり、けいれんを起こすことがあります。

6. 中毒

❶原因・症状・応急処置

家庭常備薬、毒性のある草花、

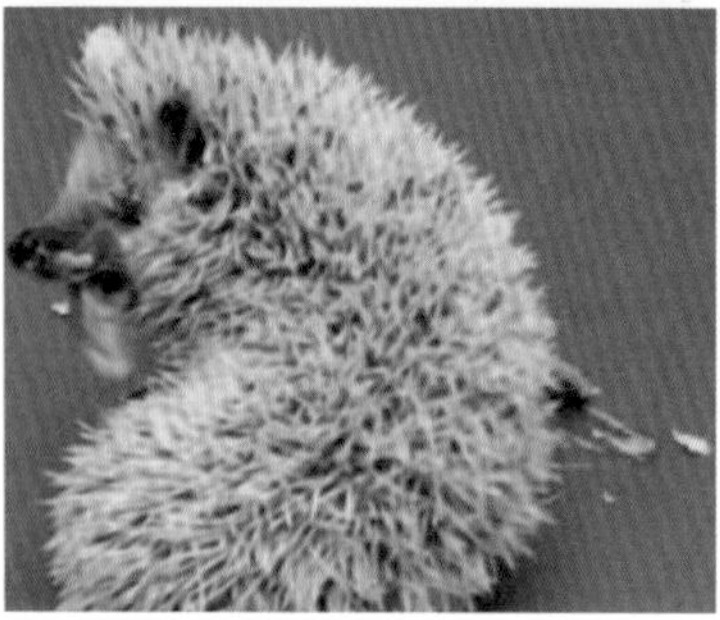

図23：ハリネズミの発作・ふるえ

上：ふらつき症候群。

下：アンティング（口から泡を吹くが、発作ではない）。

塗料、鉛などの重金属、病気による二次的な中毒などがあります。症状は、咳、発作、下痢、運動失調（ふらつき）、抑うつ（元気がない）、興奮などで、神経症状が出現することもあります。中毒を疑えば、すみやかに動物病院に搬送しなければなりません。中毒物質が体に付着しているなら、洗い流します。

〈草花〉

身近な草花で無害なものとしては、シロツメクサ、ハコベ、オオバコがあげられます。草食性が強いカメにタンポポなどを与えるこ

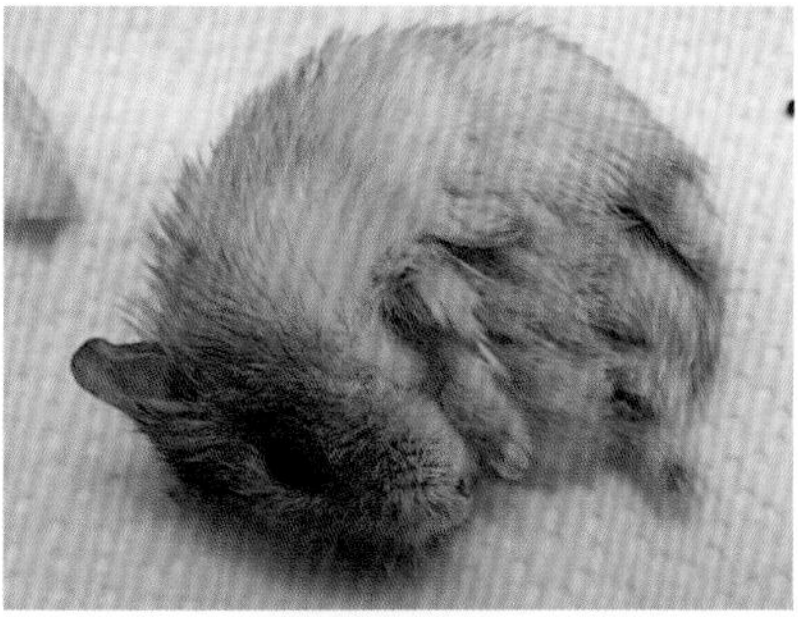

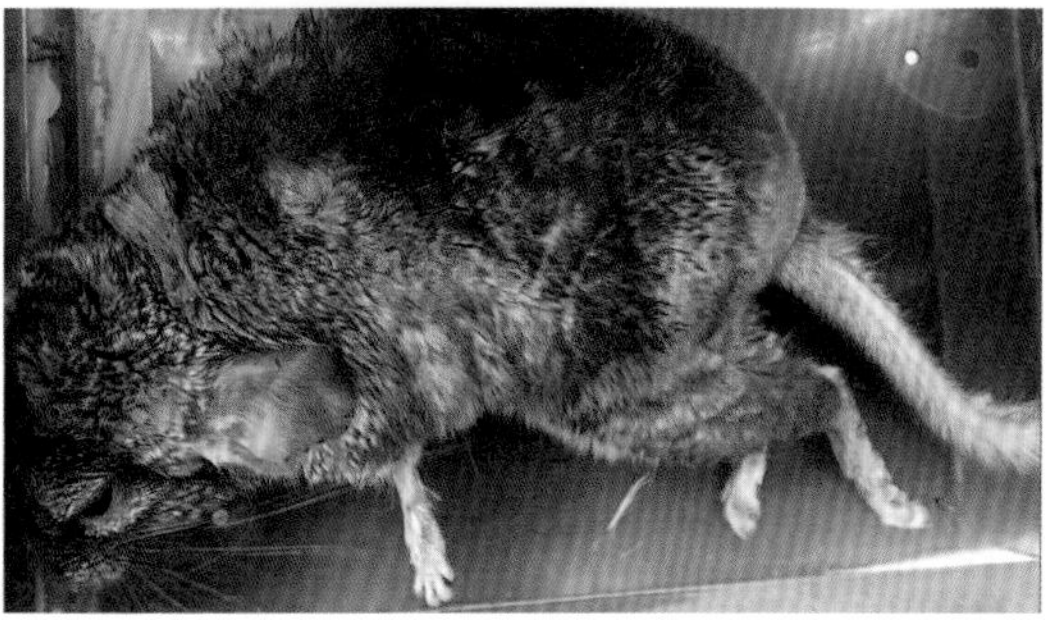

図24：ハムスターとデグーの発作・ふるえ

上：ハムスターの神経疾患。
下：デグーの腸閉塞での虚脱。

とがあり、草食動物のウサギなどでも問題がないと思われますが、エキゾチックペットにおいては解明されていないため推奨しません。また、ウサギでは、珍しい（初めての）野草を食べることで血色素尿が確認されることがあります。これは生理的に正常であり、問題はないのですが、血尿のようにみえるため、驚いた飼い主が動物病院を受診することがあります。一方、有害なものでは、ユリ、アジサイ、チューリップ、アサガオ、パンジー、シクラメンが代表的です。たとえば、ユリには有害なアルカロイド成分であるコルヒチンが含まれ、腎毒性（腎臓に障害を与える可能性のある性質）があります。コルヒチンを含む植物には、ユリ目、イヌサフラン科のイヌサフラン（イヌサフラン属）とグロリオサ（グロリオサ属）などがあります。また、ユリ科には不整脈などの循環抑制を起こす強心配糖体も含まれています。強心配糖体は、ゴマノハグサ科、キョウチクトウ科、キンポウゲ科にも多く存在します。このように、ユリ以外の観葉植物にも注意が必要であり、与えるべきではありませんし、誤って口に入らないようにしなければなりません。

〈ウサギが食べられる野草、牧草〉

ウサギが食べられる野草としては、オオバコ、クズ、シロツメクサ（クローバー）、タンポポ、ナズナ、ノゲシ、ハコベ、ヨモギ、セリ、ゴギョウ、ホトケノザなどがあげられます。牧草がよいなら、チモシー（和名オオアワガエリ）、イタリアンライグラス（和名ネズミムギ）は日本中に自生していますので、それらをおすすめします。ハーブについては、カモミール、タイム、バジル、レモングラス、ローズマリーなどが食べられるハーブとして報告されています。ただし、個体ごとに好みがあり、与えても食べないことがあります。また、一部に毒性のあるものや、個体によっては体に合わないことがあります。

ここで紹介した有毒植物はごく一部の種類です。植物の種類が不明だったり、与えてよいかわからないものは、ペットの口に絶対に入らないようにしてください。

❷事例

重金属中毒の事例が、小鳥、ウサギ、デグーなどで確認されます（図25、26）。ペットを室内に放す際は、たとえば鉛製の釣り用オモリなどを置きっぱなしにしていないか、よく確認してください。鳥では、古いケージなどのコーティングがはがれ、それをつつくことで重金属中毒になることもあります。

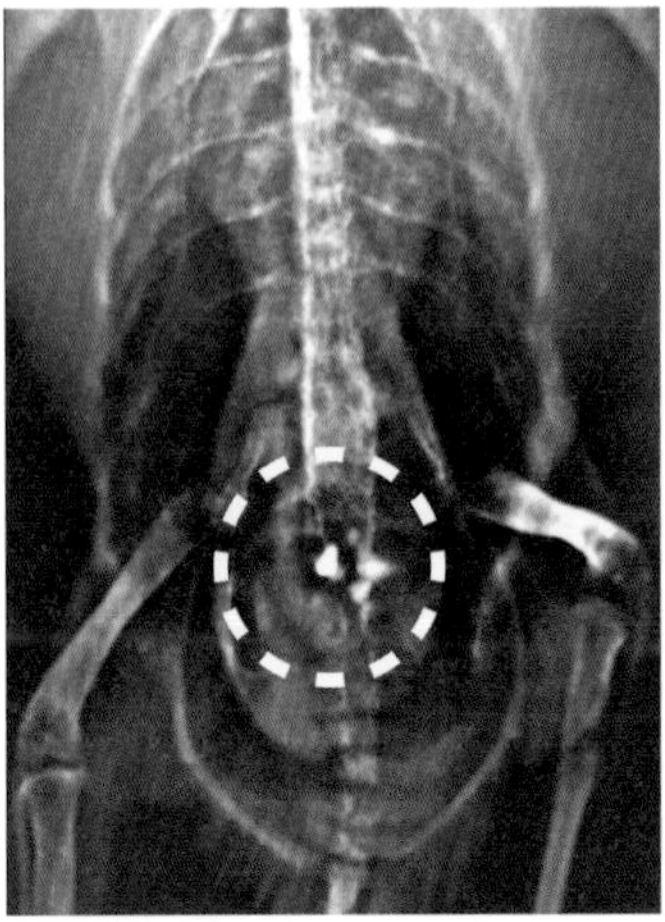

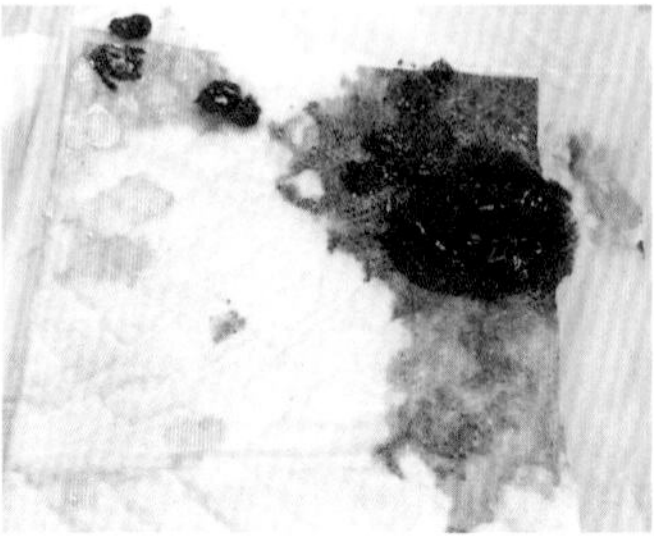

図 25：小鳥の中毒（重金属）

左：重金属の異物が認められるX線画像 。

右：中毒により起こった下血。

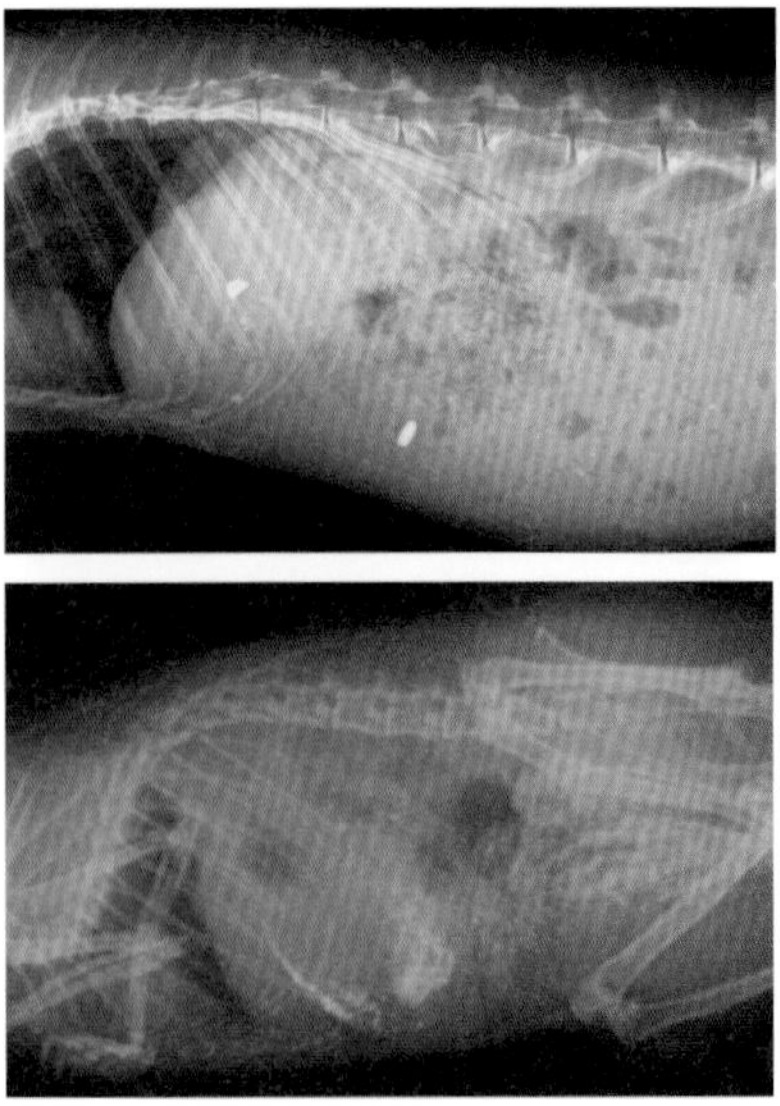

図 26：ウサギとデグーの中毒（重金属）

上：ウサギのX線画像（金属異物摂取）。

下：デグーのX線画像(鉛摂取)。

7. 足がおかしい

❶原因・症状・応急処置

足に異常がみられる原因として、外傷であれば、ケージに足を引っかけた、高所から落ちた、滑ったなどが考えられます。そのほか、心臓病、栄養不良などもあります。後ろ足だけ動かない場合は、背骨の骨折や脊髄の病気が考えられます。また、フェレットでは低血糖発作の可能性があります。片方の足だけがぶら下がっている、腫れている、変な方に向いているなどは骨折が疑われます。その他、捻挫や脱臼などもあります。

応急処置としては、外傷の場合、痛みによって暴れるため包帯での固定などは行わず、狭い空間で安静にしながら、すみやかに動物病院に搬送してください。

❷事例

〈ウサギ〉

ウサギでは骨折が多いため注意が必要です。原因として、飼い主が抱き上げた際の落下事故が比較的高い割合を占めます。また、子宮がんによるミネラル障害で骨折が起こりやすくなることもあります（図27）。

〈ハムスター〉

体格に合わない大きさの回し車の使用、ケージへの挟み込みなどが事故の原因になります（図28）。

〈フェレット〉

フェレットの後ろ足だけに異常がみられる場合は、インスリノーマによる低血糖発作の可能性を考えます（図29）。

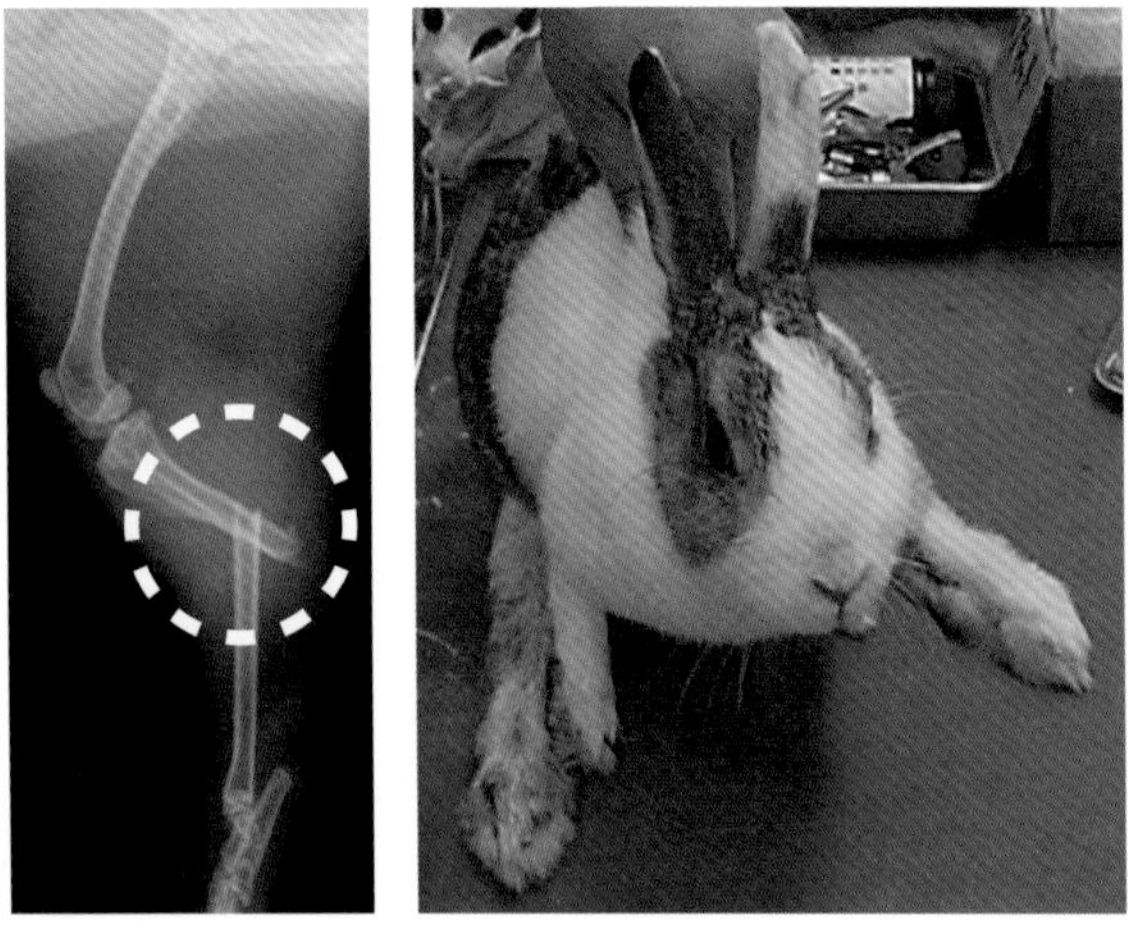

図 27：ウサギの足の異常（骨折）

左：下腿骨骨折のＸ線画像。

右：後ろ足の骨折の主訴で来院した子宮疾患例（左と同じ症例）。

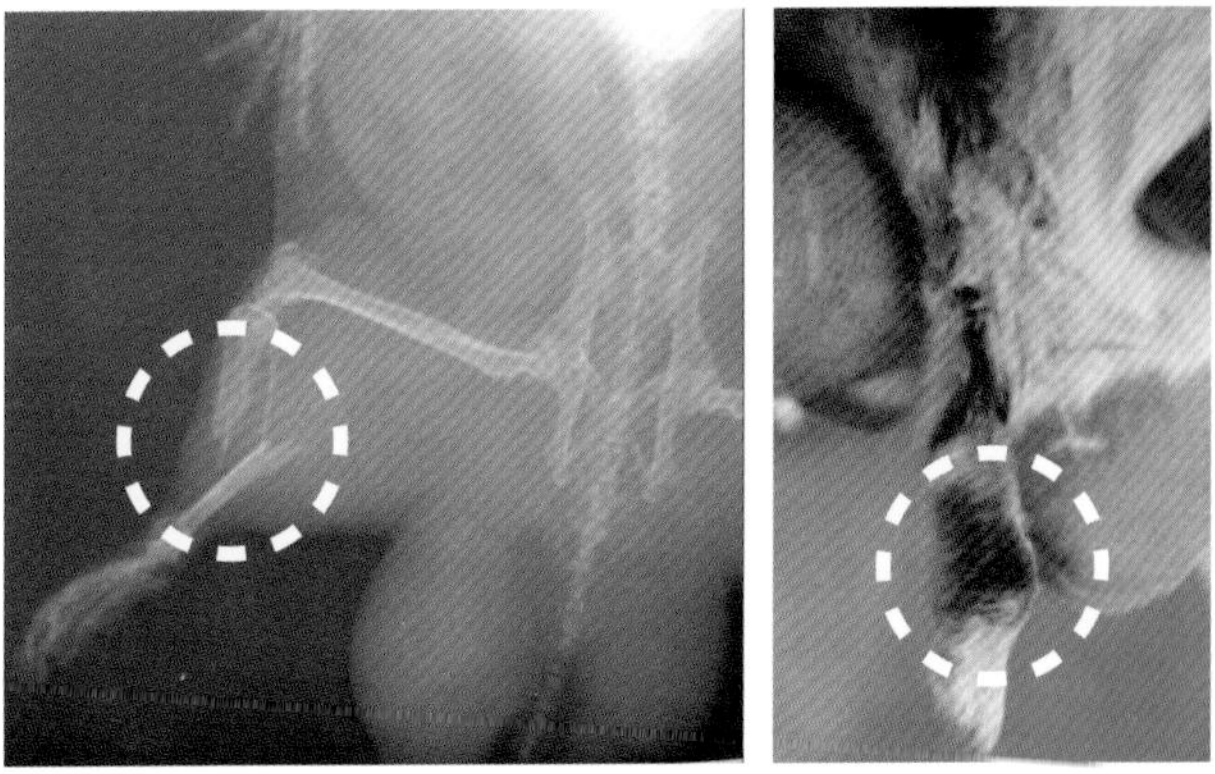

図 28：ハムスターの足の異常（骨折）

左：骨折した足の X 線画像。右：骨折した足の外観（左とは別の症例）。

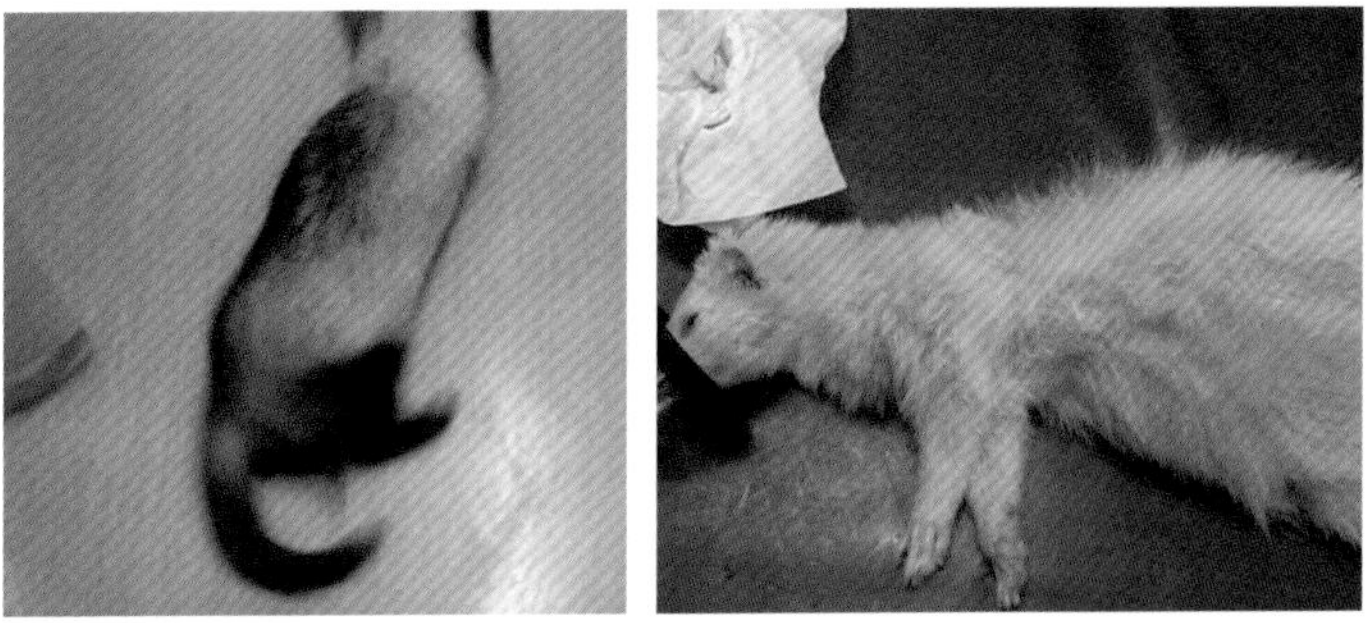

図 29：フェレットの足の異常（低血糖発作）

左：後ろ足にふらつきがみられた。右：重度低血糖で虚脱した状態。

8. 尿がおかしい

❶原因・症状・応急処置

尿の異常はオスに多くみられます（メスにくらべ尿道が狭いため）。原因としては、膀胱炎、尿路結石、腫瘍などがあります。症状は、排尿困難、異常な排尿姿勢、発声、歯ぎしり、血尿、濁った尿（尿砂）、血色素尿（ウサギ）などです。排尿困難とは、何度もトイレに行く、おもらしをする、陰部をよく舐めるなどの行動を指します。応急処置としては、ひとまず水分補給（草食性なら生野菜で代替可能）を行います。

❷事例

〈ウサギ〉

濁った尿は通常でもみられますが、カルシウムの多いおやつを与えていたり、牧草を与えずに、ペレットのみを給与していると、ひどく濁ります。そのまま放置すると尿路結石ができやすくなるため注意が必要です。

ウサギの赤い尿には、血色素尿と血尿があります。血色素尿は、前に述べたとおり生理的なもので、珍しい野草や野菜を食べたときに出ることがあります。一方、血尿がみられるのは、膀胱炎、尿路結石、子宮疾患などが起こっているときです。血尿は緊急性が高い状況です（図30）。すぐに動物病院で精査してもらいましょう。

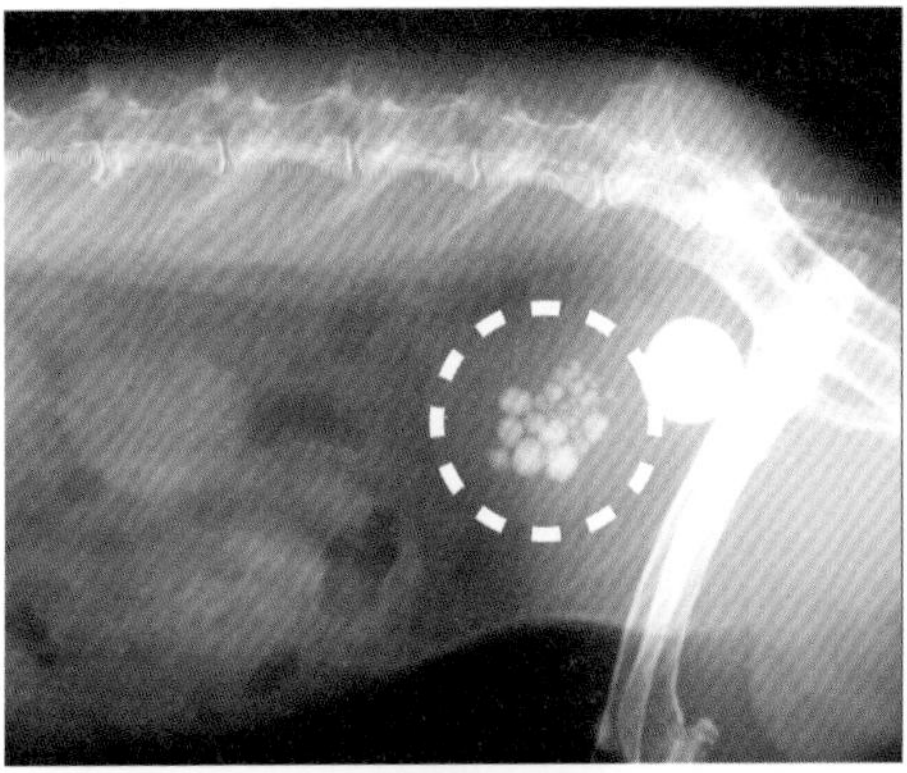

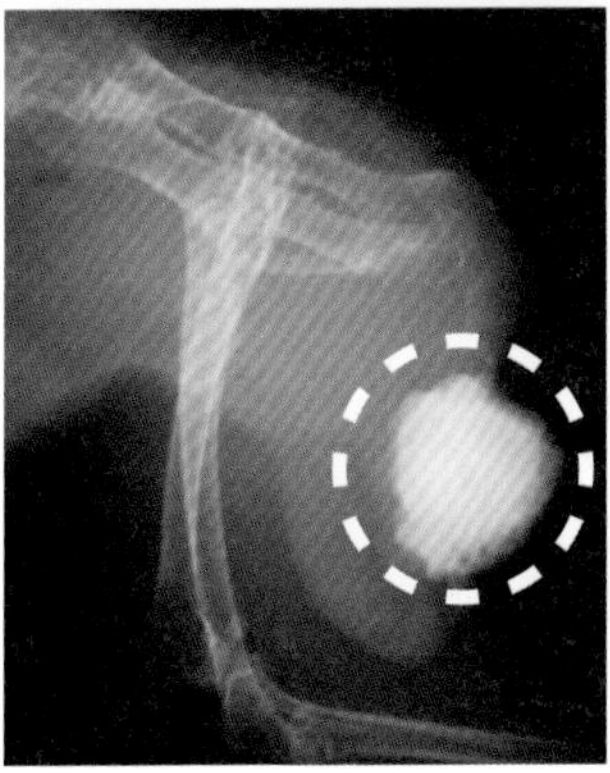

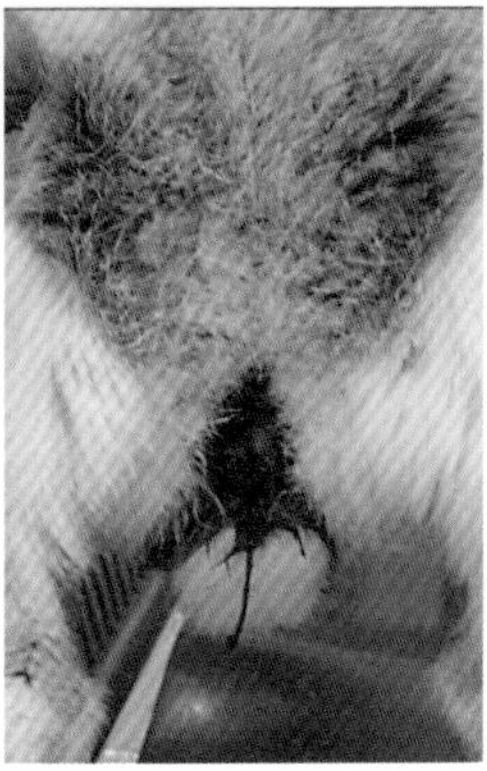

図30：ウサギの尿の異常

上：膀胱結石のX線画像。
左下：尿道結石のX線画像。
右下：子宮疾患による出血（血尿）。

〈ハムスター、ハリネズミ〉

ウサギと同様に、血尿が確認されれば、膀胱炎、尿路結石、子宮疾患などが考えられます。緊急性が高いため、すぐに動物病院を受診してください（図31）。

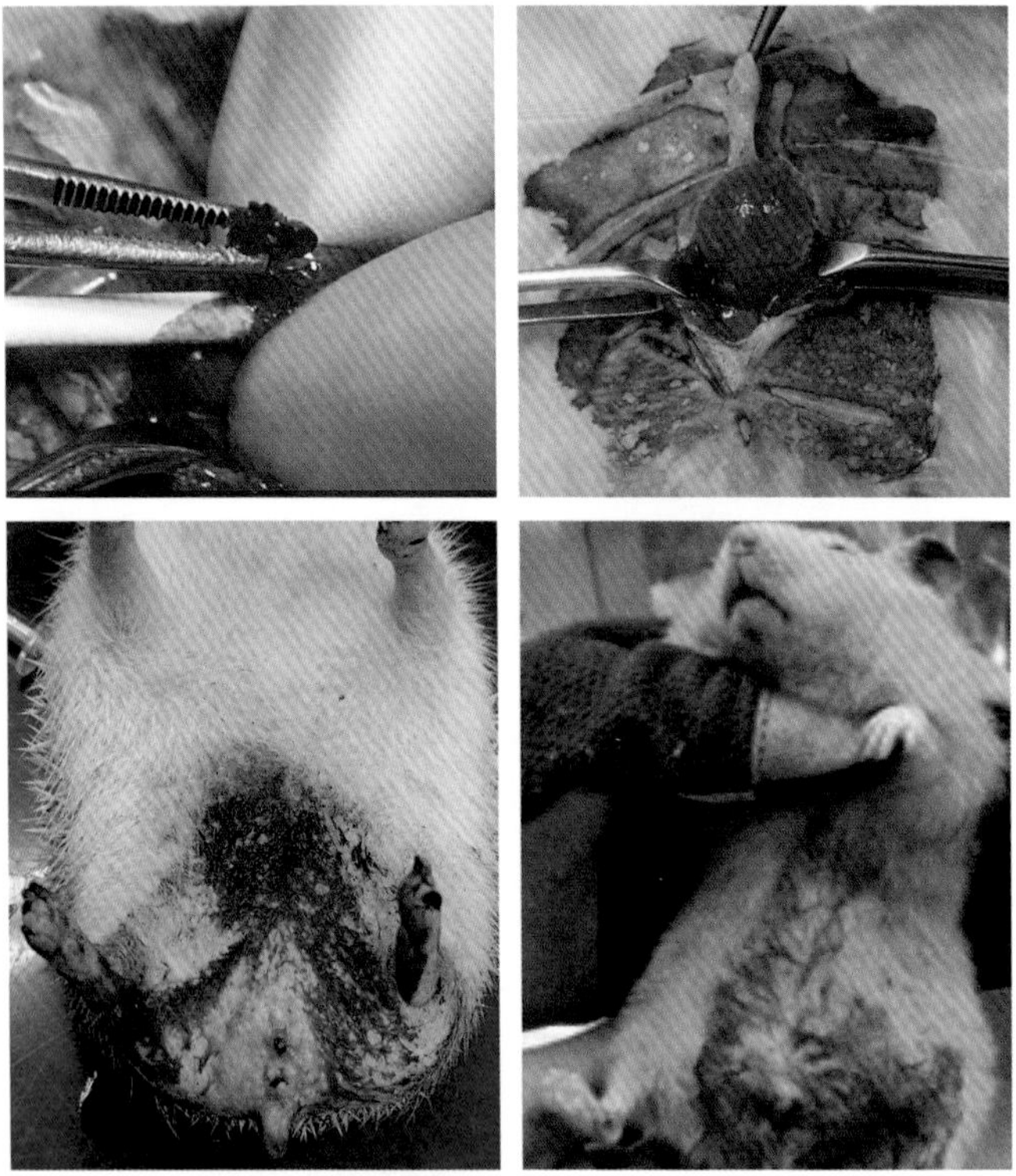

図31：ハムスターの尿の異常

上：膀胱結石の治療中。下：子宮腫瘍。

〈フェレット〉

フェレットの血尿では、副腎疾患に続発する前立腺疾患、尿路結石が多くみられます。ときに尿路閉塞もみられます（図32）。閉塞の状態が続くと、急性腎障害により死亡することがあります。血尿や排尿困難が確認されたら、すぐに動物病院を受診してください。

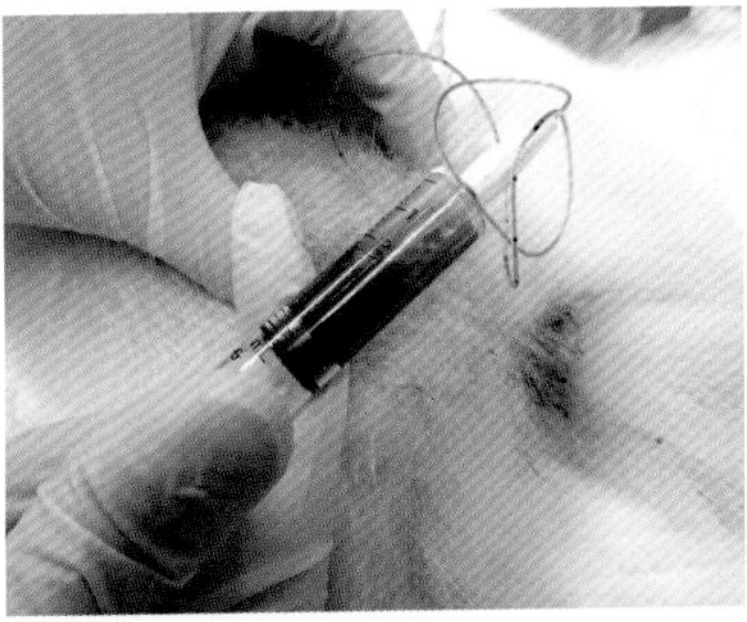
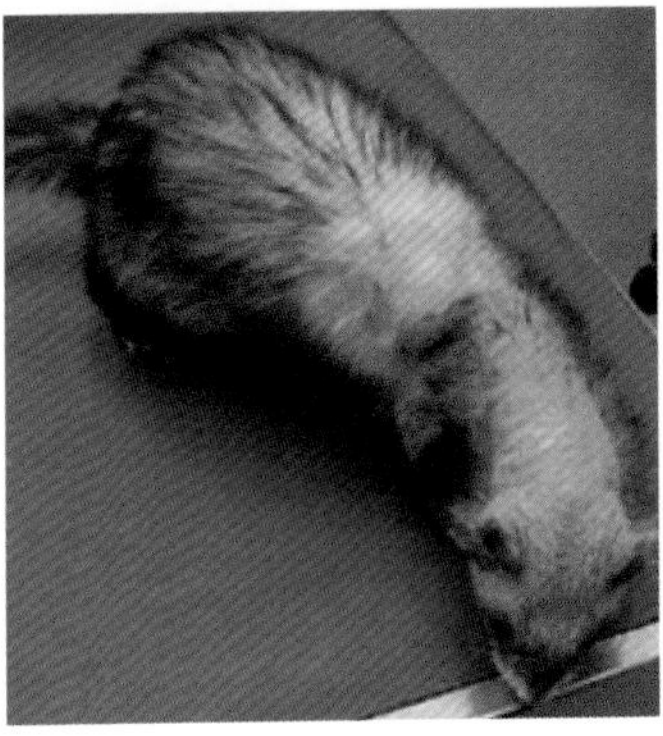
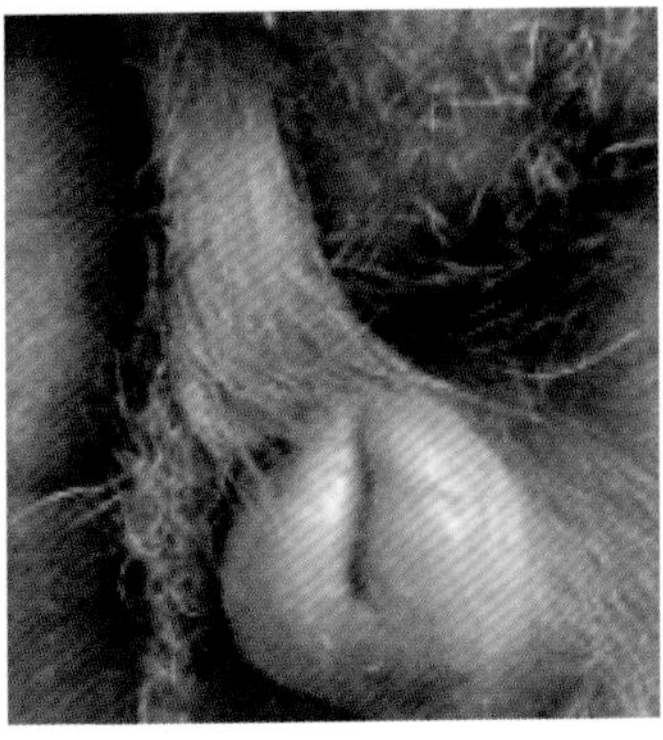

図32：フェレットの尿路閉塞と副腎疾患

上：尿路閉塞への処置。
左下：副腎疾患のそのほかの症状（脱毛）。
右下：副腎疾患のそのほかの症状（陰部の腫れ）。

〈カメ〉

爬虫類の尿の異常としては、血尿などわかりやすい症状がほとんどなく、なんだか力んでいる（ときに便秘を疑う）、何度も排尿するなどがみられます。原因としては、メスでは卵詰まり、オスでは尿路結石を疑います（図33）。もちろんメスにも尿路結石は起こりますので、いずれにせよすぐに動物病院を受診してください。

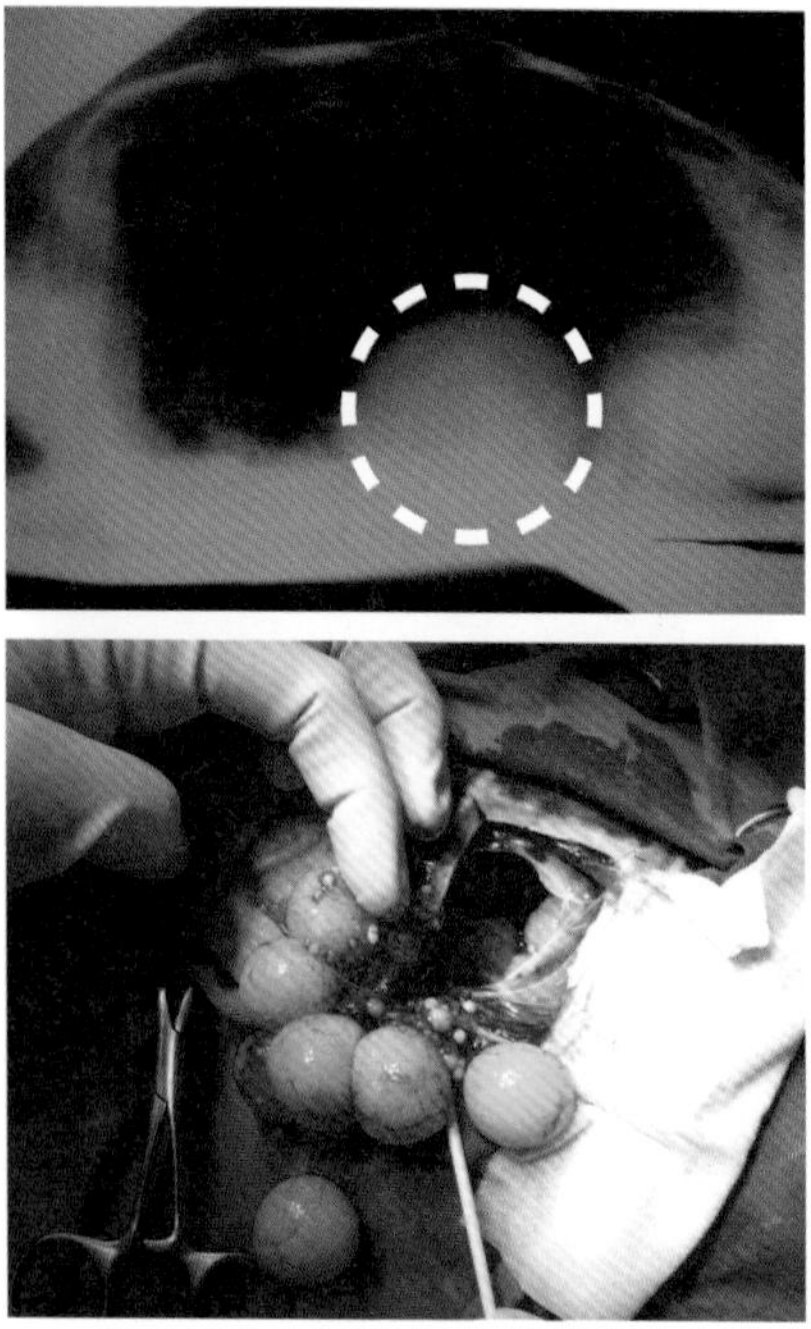

図 33：カメの尿路結石と卵詰まり

上：膀胱結石のＸ線画像。
下：卵詰まりの摘出。

TOPIC エキゾチックペットにかまれたときの対処法

厚生労働省は「動物由来感染症ハンドブック2024」を公表しています。そこでは、「動物と清潔で健康に過ごすためのルール」として、「①動物を触ったあとは手を洗おう!」「②触れ合いすぎには気を付けて!」「③野生の動物には触らない!」「④ヒトもペットも刺されないように」と呼びかけられています。また、国内の身近な動物由来感染症(人獣共通感染症)に関する情報や注意点などがわかりやすくまとめられていますので、必ず目を通しておきたい資料です(巻末「資料編」参照)。そのハンドブックをみると、日本や海外で実際に発生している主な動物由来感染症として、エキゾチックペットではネズミ・ウサギのレプトスピラ症、鼠咬症《そこうしょう》、野兎病《やとびょう》、皮膚糸状菌症、小鳥・ハトのオウム病、クリプトコックス症などが記載されています。このような資料を参考としながら、自身が飼養するペットからどのような感染症の危険性があるのか、医師などの専門家に確認し、必要があれば、破傷風ワクチン、B型肝炎ワクチン、狂犬病ワクチンなどの接種を検討しましょう。

かまれたときの対処法としては、ペットの頸部の皮を指でつまんで咬傷抑制します。そしてペットの前足を持ち上げて咬合力を弱らせ、ピンセットなどで口を開けて引き離すか、喉頭下部を軽く押して嘔吐反射を起こし、口が開いた瞬間に引き離します。なお、この方法は必ずうまくいくわけではなく、かまれないようにすること、あるいは手袋の装着などの防御を確実に行うことが重要です。また、かまれたときには、必ず医療機関を受診してください。

キーポイント

- 病気を早期に発見するコツは体重を計り、便や尿の性状をチェックすること。
- 救急疾患により動物病院に搬送する際は、暗く、静かにし、極力ストレスをかけない。
- 熱中症でショック状態に陥り衰弱すると、低体温症になる。
- 熱中症による高体温でもむやみに水をかけない。
- キャリーケース内の温度を調整する場合、保温は下から、冷気は上から。
- 小鳥が床に降りて動かないときは、かなり危険な状態。
- ケガや出血への処置でかえってストレスを与えてはならない。
- 血尿は緊急性が高い状況。すぐに動物病院で精査を。

2 日常で遭遇する危機への応急処置

1. 止血法

ケージ内のオモチャ、部屋での散歩（部屋んぽ）中、回し車などによる事故、多頭飼養での咬傷事故、地震の揺れによるケージの損壊（全体が壊れること）や破損（一部が壊れること）など、ケガの原因はさまざまですが、出血した場合は以下の手順で止血処置を行います。

なお、前に述べたように、暴れることで血圧が上昇するおそれがありますし、ストレス自体が危険性を伴うことから、決して無理はしないでください。

❶止血法の手順（図34）

①感染防止手袋を着用する（血液や体液に直接ふれないように）。

②保定の際、タオルなどでペットの身体を包み、咬傷や引っ掻き防止を施す（痛みからかみついてくるため要注意）。
③患部を水で洗浄し、清潔な布（ガーゼ）で拭く。
④破片などが刺さっていないか確認する（刺さっている場合は無理に対応せず、動物病院へ）。
⑤刺さっていなければ、出血部分に白色ワセリンを塗布し、布などを当てて2分ほど軽く押さえる（動脈が切れている場合は止血できない）。
⑥布に血液が染み出す場合は、テープなどでその布を固定して、動物病院に搬送する。
⑦血液を凝固させるには圧迫止血で十分だが、爪などに対し片栗粉や小麦粉を使う方法もある。止血剤として市販されている「クイック

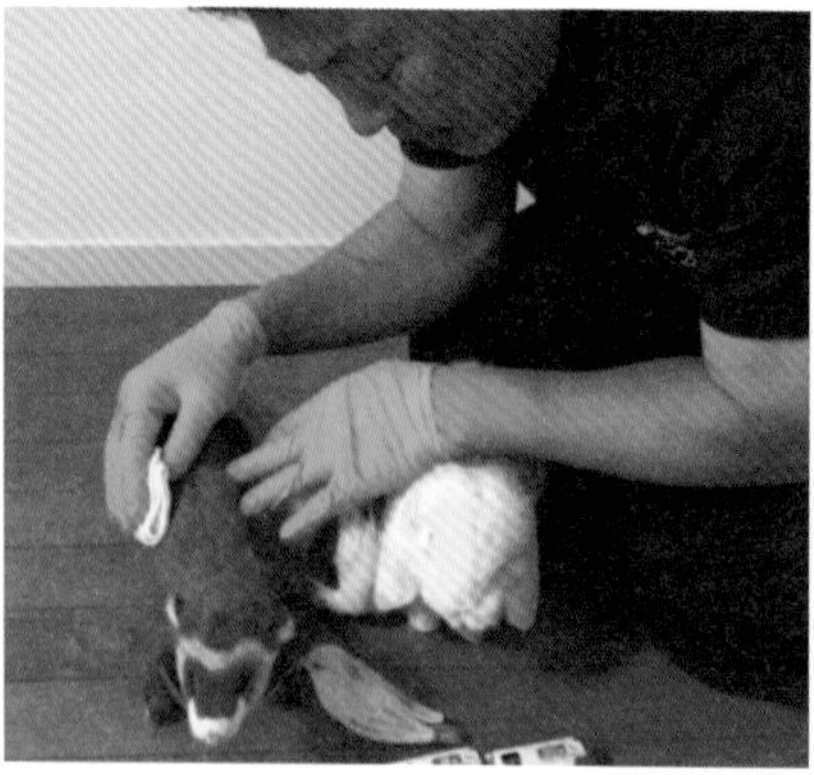

図34：止血法

【動画】
https://petsaver.jp/video/SBRG.mp4

ストップ（黄色い粉）」は、激痛を伴うことから、爪の出血以外で用いることは推奨しない。

＊乾いた布（ガーゼ）を出血部位にあてがうと、それをはがす際（血液が固まっていると）、毛や皮膚がガーゼに癒着し、痛みやさらなる傷の拡大につながる。そのため、「傷口は水で洗って」「消毒しない」「乾燥させない」という3原則を前提に薬局で市販されているパッド（製品名「キズパワーパッド」「ハイドロコロイドパッド」）を使用することも有効。

＊人用の止血薬などは使わないこと。

＊白色ワセリンは患部を保湿し、あてがったガーゼと凝固した血液との癒着を防ぐ。

❷金属やガラスなどによる刺し傷・切り傷への対応

破損したオモチャ、ガラスの破片、ケージのコーティングのはがれなどによる刺し傷（刺創）や切り傷（切創）の場合、傷口は小さいものの深いことが特徴です。刺さったものの一部が折れると、異物として体の中に残ることもあります。また、排泄物などで汚染されたものや、さびた金属が刺さったときは、体の中に残って異物となります。筋肉や腱が切れると、手足や指（足趾）の動きが悪くなることがあります。神経が切れるとその先の知覚が鈍くなり、動きが悪くなります。太い血管が切れると大量に出血することもあるため、圧迫止血しながら動物病院へ搬送します。

・浅い刺し傷…刺さったものを抜き、傷口を水道水などで洗う。傷口に水を無理に入れると、感染を広げてしまうことがあるため注意する。

・深い刺し傷…刺さったまま固定した状態で、すみやかに動物病院に搬送する（刺さったものを抜くと大量に出血することがあるため、そのままに）。刺さったものが抜けたとしても、傷が深い場合はできるだけ早急に受診すること。

・胸部や腹部の場合…肺に傷が達すれば呼吸困難になり、腹腔内の臓器に傷が達すると腹膜炎や腹腔内出血を引き起こす。いずれも緊急手術が必要であり、すみやかに動物病院に搬送する。

2．骨折時の処置

〈原因〉

骨折は、前に述べたとおり、抱っこからの落下、人の不注意による踏みつけ、ドアへの挟み込み、フローリングなどでの滑りなどで起こりますので、室内でそうした事故が起こらないように注意してください。体が小さなハムスターや小鳥などは、ケージや回し車などのオモチャに挟まれることもあります。狭すぎる、広すぎる、小さすぎる、大きすぎるなど、体格に合わない環境で起こることがあるため、適切なケージやオモチャ、巣箱などを与えましょう。

〈応急処置〉

骨折部位により応急処置は異なりますが、基本的に刺激を与えないようにします。それ以上に悪化させないよう、布（ガーゼ）やタオルで体全体を覆うようにくるみ、骨折部位に負荷がかからないように保持した状態で慎重に動物病院に搬送します。その際、咬傷防止措置も施します。ただし、開放骨折（皮膚が破れ、骨が外に露出した状態）の場合は水で洗浄してから、搬送の準備を進めます。

〈よくあるケース〉

・部屋んぽ中などの人による踏みつけ。
・階段、ソファ、ベッドなどからの転落や落下。

・人が立った状態での抱っこ、他者への空中での引き渡し時の落下。
・高所からの飛び降り、飛び出し、着地失敗。
・ロフト、ケージなど備品の穴への足の引っかけ。

〈その他の注意事項〉
・種類に限らず、エキゾチックペットは骨折しやすい（特に足が細い動物）。
・保定時の布類は爪が引っかからない生地を使用する。
・骨折の有無や程度は、動物病院での触診、打撲痕《だぼくこん》、腫れ、内出血の確認、X線やCT検査などで判定する。
・治療費は比較的高額になり、治療期間（リハビリ含む）も数カ月など長期にわたる（骨折の部位、程度により異なる）。

3. アナフィラキシーショック

〈原因〉

エキゾチックペットでは、アナフィラキシーショックはそれほど多く起こりません。しかし、食物や薬物、ハチ毒などが原因でショック状態になることはありえます。なお、最も注意を要するのはフェレットです。理由は2つあり、1つ目は周囲のものを何でも食べてしまうことで、食べたものに毒物やアレルギーを発現させる物質が含まれていれば、アナフィラキシーショックが起こりえます。2つ目はワクチン接種です。フェレットは、犬ジステンパーウイルス感染症を予防するためのワクチン接種が必要ですが、そのワクチンアレルギーとしてアナフィラキシーショックになることがあります。

〈主な原因物質〉

・昆虫や爬虫類の毒（ハチ、ヘビなど）。
・薬剤（ワクチン、ホルモン剤、抗菌薬、非ステロイド性抗炎症薬、麻酔薬、鎮静薬、抗がん剤など）。

・食物（牛乳、卵白、柑橘類、チョコレート、穀物など）。

〈主な症状〉

・頻呼吸（呼吸の回数が増加する状態）、呼吸困難（ゼーゼーする）。
・顔の腫れ。
・喉の腫れによる気道の狭窄。
・発声障害、かすれ声。
・喘鳴《ぜんめい》（呼吸に伴ってゼーゼー、ヒューヒューという音が聞こえる）。
・失神、虚脱。
・ふらつき、立てなくなるなど力が入らない。
・ふるえ。
・徐脈（脈が遅くなる）。
・じんましん。
・発赤（皮膚が赤くなる）。
・嘔吐、下痢。
・ぐったりする、意識障害。

〈応急処置〉

低血圧性のショックや呼吸困難がみられるようなアナフィラキシーショックでは、短時間で死に至ることもあります。アナフィラキシーショックが疑われたら、すぐに動物病院に搬送してください。また、特に2度目の症状が重くなりやすいため、1度発症した原因物質は、それ以降避けることが重要です。原因物質が思わぬ形でフードなどに含まれていることもあるため、注意しましょう

4. やけど

〈原因〉

エキゾチックペットのうち、やけどで動物病院を受診することが多いのは、実は小鳥です。前に述べたとおり、鳥は水浴びの習性があることから、沸騰したお湯にも飛び込んできます。小鳥には水温の程度はわかりませんので、足から熱湯に入り、熱さを感じて再び飛び上がります。その際に、足や総排泄腔（おしり）などにやけどを負って動物病院に搬送されてきます。台所で火を扱っている時間には、小鳥を放鳥させないようにしてくださ

い。

なお、やけどとは別の問題ですが、調理に関連する話題として、小鳥のいる部屋では、フッ素樹脂加工（テフロン加工）のフライパンの空焚きも厳禁です。フッ素樹脂は高温になると、有害ガスが発生します。それを小鳥が吸引して、死亡することがあります。小鳥は呼吸器系が弱いため、タバコやバーベキュー、焼き料理の煙なども吸引させないようにしましょう。

その他、フクロモモンガやリス、チンチラなどが部屋の中を走り回っていて、ストーブにぶつかってやけどを負うことがあります。また、ウサギなどがホットカーペットなどで、ときに低温やけどになることもあります。ペットの行動をよく観察し、やけどを負わせないように、日頃から注意してください。


〈応急処置〉

応急処置としては、動物病院への搬送前にできるだけ早く、やけどしたと思われる部位全体を水道水（流水）などで冷やすことがあげられます。ただし、動物種によっては、水をかけられることや処置を嫌がることもあるため、ほかの症状と同様に、暗く、静かにして、極力ストレスをかけないように注意しながら動物病院に搬送してください。

5. 感電

〈原因〉

「感電なんてほとんど起こらないのでは？」と思われるかもしれませんが、電源コードをかじって感電する事例は、ウサギやチンチラ、デグーなど草食動物に多くみられます（犬と同程度に多い）。感電すると口の中の炎症だけでなく、肺に水がたまり（肺水腫）、呼吸困難によって元気や食欲がなくなります。

感電に対しては予防が最も大切です。部屋んぽをさせるなら、まず目を離さないこと（目の行き届くときだけ部屋んぽをさせる）、そしてコードガードを必ずつけるようにしてください。あるいは、すべての電源コードを抜いておくなど、安全配慮を実施してください。電気器具を使わないときには、コンセントを抜くかタップのスイッチをこまめに切っておくことも有効です。さらに、普段から電源コード類にかんだ跡がないかもチェックしてください。

〈症状〉

・口のやけど、呼吸困難（鼻をヒクヒクする、あえぎ声、頭やあごをあげる）、不規則な心拍、ふるえなど。

〈応急処置〉

感電後に呼吸困難が認められれば危険な状態です（肺水腫）。酸素缶などで酸素を供給しながら、すみやかに動物病院に搬送してください。

6. 熱中症・低体温症

エキゾチックペットの多くは温暖な乾燥地帯に生息しています。高温多湿な日本の夏は、エアコンなしで飼養してはいけません。熱中症は、蒸し暑い室内での留守番などが原因で発生します。急激な体温の上昇により、初期にはあえぎ呼吸、よだれといった症状が発現し、虚脱や失神、筋肉のふるえがみられたり、意識が混濁し、呼びかけに反応しなくなったりします。さらには、完全に意識がなくなったり、全身性のけいれんを起こしたりすることもあります。

症状が進行すると、吐血や下血（血便）、血尿といった出血症状がみられます。酸素をうまく取り込めないためチアノーゼが起こり、最悪の場合はショック状態になり、命に関わることもあるのです。ペットの多くは人よりも高温多湿の環境に弱く、特に水を十分に飲めない場合は熱中症になりやすいといえます。

では、冬に強いのでしょうか。ウサギなどは冬のイメージがあるかもしれませんが、季節性のない屋内で飼養していると、寒さに弱くなります。ハムスターなども冬では低体温症が多くみられます。

❶症状と応急処置

〈症状〉

・虚脱（食べない、動かない、反応しない）、けいれん、低体温（熱中症直後の高体温の後、ショックにより低体温となる）。
・二次的な脱水によるショック状態。
＊動物種により異なるが、非接触体温計を使用し、毛のない部分（内耳や腹部）で体温を測定することができる。ただし、実際の体温よりもかなり低めに出るため注意が必

要。

〈応急処置〉

・低体温に対しては、砂糖水などで糖分を補給して加温する。

・高体温は、胸腹部を濡らし、扇風機などの風により（気化熱で）体温を下げる。ただし、ストレスを与えるおそれがあれば、むやみに濡らさない。

・高体温ではキャリーケースの上にアイスパック（保冷剤）を置いて、冷気を送る。

・動物病院に搬送するときは、ほかの症状と同様に、暗く、静かにして、極力ストレスをかけないように注意する。また、搬送中に状態が悪化し、呼吸停止に至ることがあるため、呼吸運動の観察は継続する。

❷熱中症・低体温症予防

動物種の特徴に応じて、快適に過ごせる温度・湿度を維持してください。気温が上昇する時期であれば、室内の風通しに注意し、留守中はカーテンなどで直射日光による室温上昇を避け、エアコンをドライ（除湿）モードで稼働させるなどして室温や湿度を調整します。

ケージに入れる場合は、設置場所に注意します。夏場の窓際はエアコンをつけていても高温になりますし、逆にエアコンの向かいは冷気が直接当たって冷えすぎます。また、地震などによる停電やエアコンの故障など万が一の場合に備えて、クールマットや氷水を入れたペットボトルなどを部屋に置いておくと安心です。さらに、十分な水分補給ができるよう、飲み水の量や器の置き場を増やすなどしておくとよいでしょう。

クールマットや保冷剤などには、高吸水性ポリマー、防腐剤、形状安定剤、エチレングリコールが含まれている製品がありますが、それらの場合、ペットがかじってしまうと中毒を起こす可能性があるため使用は避けましょう。

冬場も同様に、暖房の設定などにより、それぞれのペットにとって快適な環境を維持してください。

❸エキゾチックペットの疑似冬眠

〈原因・症状〉

ハムスター、リス、ハリネズミなどは疑似冬眠を行うことがあり、注意が必要です。たとえば、冬に暖房が停止し、室温が5℃（ときに10℃）を下回ると、寝ているような姿勢のまま動かなくなって、触っても起き上がる気配がなく、体温も低い（低体温症）という状態になります。これを疑似冬眠といい、この状態を放っておくと非常に危険です。

健康なハムスターの体温は36℃前半から38℃後半であり、快適に暮らしていける環境温度は20℃より少し高いぐらいで、呼吸数は1秒間に1回以上です。一方、疑似冬眠では室温に近い温度まで体温を下げ、呼吸数も1分間に数回と少なくなります。疑似冬眠状態になると、環境温度の低下とともに体温が低下し、呼吸が浅くなり、心臓の動きも最低限になるため呼吸や心拍をうまく確認できず、「死んでしまった」と判断する飼い主も多いと思います。しかし、そのような状態であっても、あきらめずに対応してください。

〈応急処置〉

まずは体をタオルでくるみ、息を吹きかけながら、手の温度で温めます。家族などほかの人がその場にいれば、お湯を入れたペットボトルやカイロを準備してもらいます（タオルでくるむ）。それをキャリーケースやケージに入れて（体にふれないように設置）、ゆっくりと温めながら動物病院に搬送してください。

注意点として、お湯を入れたペットボトルやカイロが体に接触すると、低温やけどを起こすことがあります。また、ドライヤーなどで体を急速に温めてはなりません。激しい温度変化により、血流が急に活発になり、ヒートショック（血圧が急上昇あるいは急降下することで、心臓や血管に大きな負荷がかかる）を起こし、かえって命を落とす原因になることがあります。

疑似冬眠から回復したペットには、砂糖水や高エネルギーの食事（ひまわりの種や乾燥野菜など）を適量与えてください。


〈対策〉

疑似冬眠を起こさないための対策としては、急に気温が下がりがちな晩秋や初春に高エネルギーのフードを多く給与することが考えられます。寒さから身を守る皮下脂肪を蓄えることで予防につなげるわけです。ただし、高エネルギーのフードの多給によって肥満になると、かえって寿命を短くしてしまう可能性があります。エアコンやペット用ヒーターなどを活用し、環境を適温にすることでエネルギーの消費量を抑え、同時にある程度の高エネルギーのフードを給与することが重要です。

7．その他の事故への対策・対応

❶咬傷事故

エキゾチックペットの飼い主は多種の動物を飼養することがありますが、その組み合わせや環境づくりには注意が必要です。エキゾチックペットが犬や猫にかまれることはまれですが、同居動物による咬傷事故がみられます。前に述べたとおり、エキゾチックペットのほとんどは被食動物ですが、注意点としてフェレットは自然界では捕食動物です。被食動物と捕食動物を一緒にすることは絶対に避けてください。

小鳥やカメなどをベランダや庭などで日光浴させることがありますが、野良猫やカラスに攻撃されることも多いため注意が必要です。かまれれば、ケガ（出血）や内臓損傷、骨折などを負ってしまう危険はもちろんですが、細菌感染による敗血症の危険性もあるため、すみやかに動物病院を受診してください。

また、トカゲの多頭飼養では以下のような事例もありました。ある飼い主が、2頭のケージをそれぞれ掃除しようとしたのですが、両方の扉を開けたときに、片方のトカゲがもう片方のトカゲの首にかみつき、手術が必要な大ケガを負わせてしまいました。トカゲに限らず、多頭飼養している場合は、特にオス同士の喧嘩は多いことを念頭に置き、ペット同士の接触には十分に注意しましょう。あるいは、動物種によっては接触をさせないようにしてください。

❷ファンへの巻き込まれ

リスやフクロモモンガなどがカーテンをよじ登り、エアコンの吹き出し口を巣穴だと思って入ってしまい、ファンに巻き込まれて死亡した事故がありました。対策としては、エアコンの吹き出し口に洗濯ネットをかぶせておくことが有効です。

❸外傷

〈小鳥の筆羽出血〉

筆羽《ひつう》（新しく生えてきた鞘《さや》に包まれた羽）からの出血は、人差し指に布を巻いて、軽く圧迫止血することが有効です。

〈爪切りの失敗による出血〉

クイックストップ（止血パウダー）や小麦粉を飼い主の人差し指にのせて、出血している爪の断面に塗り込み（塗布時の痛みに注意）、動物病院に搬送してください。

キーポイント

・止血処置は「傷口は水で洗って」「消毒しない」「乾燥させない」という3原則を前提とする。
・体に異物が刺さったときは無理に抜かず、そのまま動物病院に搬送する。
・骨折の際はそれ以上悪化させないように、保持した状態で慎重に動物病院に搬送する。
・フェレットは食べもの、ワクチンを原因とするアナフィラキシーショックの危険性が比較的高い。
・小鳥のやけどは多い。熱湯への飛び込みに注意。
・草食動物は特に感電に注意。
・熱中症や低体温症にならないようエアコンなどを活用する。夜間や留守番中も要注意。
・ハムスターなどの疑似冬眠は放置してはならない。
・低体温症（疑似冬眠）への対応として、急速な加温は厳禁（ヒートショックのおそれあり）。
・咬傷事故はケガだけではなく、敗血症の危険性も生じる。

第3章

EXOTIC PET FIRST AID
FOR EVERYONE, EVERYWHERE

エキゾチックペットの防災対策

大規模な自然災害が発生した際、犬や猫であれば飼い主とともに同行避難できる可能性は比較的高いものの、エキゾチックペットの場合、飼養環境づくりや管理面などの理由から、簡単に外に連れ出せないという課題があります。被災後もペットの健康と安全を守りながら一緒に暮らせるようにするには、日頃からの具体的な災害対策がより大切になります。大規模災害では、建物や家具などが被害を受けたり、部屋が浸水したりと、非日常的な状況に突然置かれますので、災害についての一般的な知識だけではペットの命は守れません。各種の危険性に対し、何を備えればよいのか、何を優先してどのように安全な行動をとるのか、具体的な対策を検討しておくことが必要です。

第３章では、地震、水害・台風、噴火への備え、および発生時の対応や課題などを解説していきます。

1 地震への備えと発生時の対応

1．地震に備えてペットを守る

❶過去の震災からみえてきた課題

２０１１年の東日本大震災では、原発事故による放射性物質の漏洩事故が発生。立ち入り禁止区域に住んでいる人は避難時にペットの同伴が認められず、自宅に置き去りにせざるをえない状況になりました。その後も飼い主は自宅に戻ることができず、食事や水を与えに行ったり、避難所に連れてくることもできない状況が続きました。その結果、多くのペットが自宅で行き倒れている光景などが報道され、ペットを連れての避難生活の困難さが注目されました。

２０１６年の熊本地震では、ペット同伴では避難所に入れてもらえず、長期の車中避難によるエコノミークラス症候群によって、飼い主が死亡したケースもありました。また、家屋などの倒壊により人とペットが瓦礫の下敷きとなったり、ペットが逃げ出してしまって行方不明になるといった事例も発生しました。

２０１８年、２０１９年の大型台風の際には、自治体がホームページやＳＮＳなどでペット同行避難を呼びかける一方で、実際にペットを連れて避難所に行ってみると「動物アレルギーの人がいるかもしれない」という理由で受け入れが拒否された事例もあり、自治体と避難所運営者の対応のバラつきが社会問題になりました。幾度もの災害をとおし、災害時におけるペットと飼い主の健康および安全な生活環境の確保についての取り組みの必要性や課題が明らかとなったのです。

大規模な地震が発生すると、窓や照明器具が割れたり、食器棚が倒れてガラスや食器が飛散するなど、身の回りのものが凶器に変わります。過去の大地震の事例では、ケージや水槽に対する固定や滑り止め対策が不十分などの理由によって破損が起こり、動き回れるようになったペットの多くがパニック状態で駆け回り、散乱したガラスなどによって外傷（切創、擦過傷）を負ったり、落下物によって骨折したり、下敷きになるなどして死傷しています。もちろん、飼い主もケガを負うことがあります。

災害体験者の振り返りでは、「安全な場所への同行避難がすぐにできなかった」「ペットに対する応急処置や動物病院への搬送ができなかった」「フードや水の備蓄が十分でなく、調達もできなかった」といった課題があがっています。

❷ハザードマップ

ハザードマップとは、自然災害の発生が想定される区域や避難場所（経路）などの情報を地図上に落とし込んだものです（**図1**）。被害の軽減や防災対策に使用することを目的に、市区町村単位で作成されています。ハザードマップは、洪水、内水氾濫（下水道や水路などから雨水があふれだす浸水被害）、高潮、津波、土砂災害、地震、火山など、種類ごとに作成されていることが特徴です。各災害における危険区域が詳細に明示されており、自治体の役所の窓口やホームページ、国土交通省の「ハザードマップポータルサイト」で簡単に入手できます（巻末「資料編」参照）。

居住地域にどのような災害の危険性があるのか、「○○市各種ハザードマップ（土砂災害ハザードマップ、

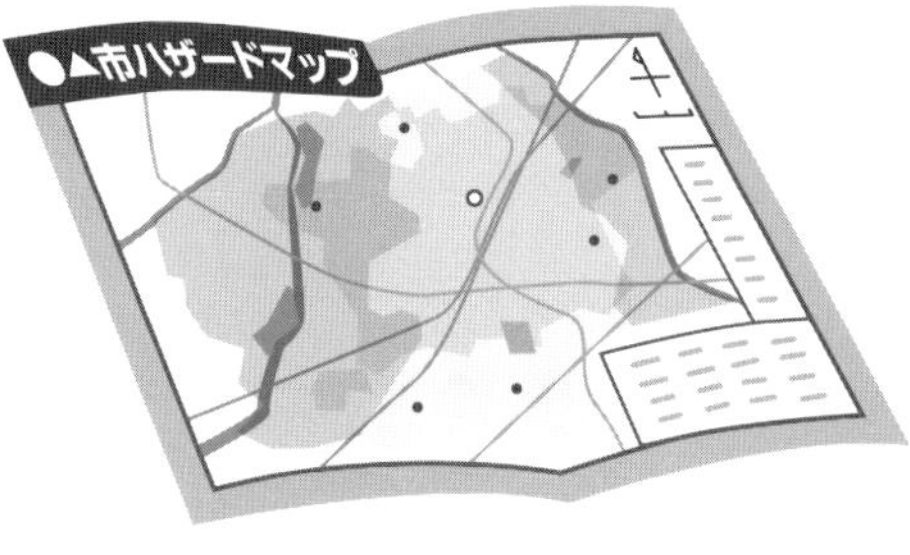

図1：ハザードマップ

自宅や周辺にどのような自然災害の危険性があるのか、あらかじめ確認しておこう。

津波ハザードマップ、液状化ハザードマップ、洪水ハザードマップ）」の検索ワードで調べてみましょう。そして、地震発生後の津波や河川津波、土砂崩れ、建物倒壊、液状化などの危険性を把握し、どのタイミングでどこへどのように避難するか、選択肢を書き出してください。そのうえで避難用備蓄品を準備します（ただし、津波の際は物を持たずにペットだけを連れて、とにかく迅速に避難することが大事です）。

大地震はいつ発生するかわかりません。いざというときに自身と大切なペットを守るためには、日頃からの備えが重要です。どのような危機が生じるのか、事前に情報を収集し、必要な準備を整え、対応策を練っておきましょう。

2. 災害発生直後のペットの探し方

大地震発生直後に逸走したペットの探し方のポイントとしては、哺乳類であれば一般的には安全だと認識している場所に身を寄せることが多いでしょう。冷蔵庫や洗濯機の背後、タンスの隙間、クローゼットの奥、こたつの中などに逃げ込むことがあります。普段から柵などを設置しておき、人の手が届かないところに逃げ込むことを防止しましょう。急いで逃げなければならない状況が起こりえますので、隙間シートなどを使って、ペットが狭い場所に入り込まないようにしておくことをおすすめします。

鳥類は飛び去るおそれがありますので、その対策が欠かせません。変温動物の爬虫類は、適した温度・湿度が得られる場所にいることが多いといわれています。日頃からペットの行動特性を把握し、逃げ込みそうな場所の情報を家族と共有しておきましょう。

好きなフードや興味を引く音などで呼び寄せる練習をしておけば、緊急避難が必要な際に役立ちますが、それが可能かどうかは動物種によってさまざまです。

3. 地震発生時の行動手順

❶初動

地震発生時は身動きが取りにくいため、できるだけ姿勢を低くし、転倒して負傷しないように注意します。住居の形態や地域によってさまざまですが、地震後に発生が予想される主な被害は次のとおりです。

・マンション内のエレベーターの停止や閉じ込め。

・耐震性の低い家の1階部分やブロック塀の倒壊。
・木造密集地域の火災。
・電柱から垂れ下がった、切れた電線による感電。
・海の近くでの津波。川の近くなら河川津波。
・山の斜面や造成地の土砂崩れ。
・陥没やヒビなど道路の損壊。
・埋め立て地などでの液状化現象。
・パニック状態の運転者による車の暴走。
・鉄道の脱線事故。
・化学工場が近いエリアでの危険物や劇毒物の漏洩。

これらの危機が発生したら、迅速な同行避難により自身とペットの命を守ることを優先してください。また、長期の停電や断水も起こりえます。さらには、通信障害によって電話やインターネット回線が遮断され、情報を収集できない事例も発生しています。

初動においては、飼い主がペットを守る「ヒーロー」となって、自身を守りながらペットを助けなければなりません。たとえば、深夜の就寝時に大地震が発生したなら、飼い主は天井の電球や蛍光灯などの落下物、家具の転倒、飛散物から身を守るために布団などを被り、身を守ります。揺れが収まったら、停電を想定し、両手を使えるようにヘッドライトを装着します。そして、ガラスや物の散乱などに注意して状況を把握しつつ、ペットのいる場所へ移動して、その様子を確認します。ペットの安全が確認できたら、ストレスを与えない状態で安全環境を保持します。

❷地震後の火災への対応

地震が発生したら、周囲で火災が発生していないかを確認します。火災発生の場合は、空が赤くなったり、焦げたニオイがしたり、割れた窓から煙が入ってきたりします。火災は延焼に加え、一酸化炭素など有毒ガスによる窒息の危険もあることに注意が必要です。火災が起きている建物の風下に自宅があるなら、延焼の危険を考え、ペットを連れて迅速に避難しましょう。避難する方向は、煙の流れをみて風向きと垂直となる横方向に進むとよいでしょう。

自宅で火災が発生した場合は、火が燃え広がらないうちに水道水や手元にある飲料水などで素早く消します。かさばるものが燃えている場合は、粉末消火器よりも水のほうが燃焼物の内部まで浸透するため、消火効率が高いことが知られています。自力での消火が難しい場合はすぐに避難します。余談として、自宅が全焼すると、大切な物や生活の再開に必要な物も失ってしまいます。それらをどのように守るか、財産の保護についても考えておきましょう。

なお、大地震の発生後は、１１９番通報があっても、道路の損壊などによって消防隊が動けないことがあります。あるいは水道管の破裂などによって、消火活動を行えない可能性もあります。火災などの危険が迫っていれば、地方公共団体が定める指定緊急避難場所など、その状況下で最も安全だと思われる場所を自らの判断で選択し、自身とペットが必要とする物を持って迅速に避難するしかありません。

自宅が安全な状態であれば、ペットと在宅避難（災害時において自宅に倒壊や焼損、浸水、流出の危険性がない場合に、そのまま自宅で生活を送ること）を続けます。停電や断水があれば、復旧を待つことになりますが、あらかじめペットの飼養管理に必要な非常用電源や災害用ソーラー発電・蓄電キットなどを、必要な電力や日数などを考慮し、備蓄しておくことが大事です。

❸避難

避難所への到着後、どのような飼養環境になるのかも想定しておく必要があります。受け入れ態勢によって異なりますが、冷暖房設備がなかったり、思うように充電ができないことがほとんどです。したがって、温度や湿度設定が必要なペットの場合、車中避難が選択肢となります。そのため、普段から車の燃料を満タンにしておくことを心がけ、避難先でも燃料を調達できる手段を考えておきましょう。また、車中避難の場合、被災地から離れることも考えられますので、周辺地域へのさまざまな移動経路を地図アプリなどで調べておきましょう。避難時には、避難しようとする道が通れるか否かを調べられる「通れた道マップ」（トヨタ自動車）の活用もおすすめします（巻末「資料編」参照）。ペットとの避難生活に必要な物を車内に常備しておくことも、安全対策につながります。

車を所有していない場合、複数の避難先（親戚や友人の家、ペットショップや動物病院など）を選択肢とし、実際に避難した際の状況を予測しておきましょう。親戚の家が避難場所の候補になるなら、万が一に備えて、ペットと飼い主が必要とする物をリストアップし、備蓄しておいてもらうことも有効です。予備のケージやフードなど、かさばる物を分散して備蓄してもらえればさらに安心です。

耐震化されたマンションの場合、避難の必要がないケースがほとんどですが、エレベーターが停止すれば、移動や物の運搬に苦労します。5階以上に住んでいるなら、重量がある水などは特に多く備蓄しておきましょう。

4. ペット救助に必要な道具

逃げ出したり、ネットなどに絡まったり、倒壊家屋の下敷きになったり、家に取り残されたりしたペットを救助するには、状況に応じた救助装備が必要になります。動物種によって必要な道具は変わってきますが、参考例を示します。

〈ペット救助装備例（ペットセーバーの場合）〉

・身分証明書、団体所属章、災害派遣登録証など。
・動物捕獲用ネット（図2）、ケッチポール（保護棒）。
・ヘッドライト、無線機、マスク、ゴーグル、ヘルメット、各種手袋。
・ロープ、カラビナ、滑車、ウェビング（車のシートベルトのような丈夫な素材で織られた厚手の紐）、捕獲投網。
・呼び戻すためのフード、水、興味を持たせる

図2：動物捕獲用ネット

ためのオモチャ、フレキシブルリード。
・ワンタッチマズルか包帯、ケージ複数個、タグ複数枚。
・水害時はドライスーツ、地震災害時はつなぎや作業服など。
・ジャッキ、チェンソー、単管パイプ。

5．災害時の情報収集

東日本大震災をきっかけに、災害時におけるＳＮＳの活用が注目を集めました。ＳＮＳは災害時も利用できる可能性が高く、リアルタイムで情報の発信や収集ができるためとても有益ですが、未確認情報やデマなども拡散される可能性があります。いたずらにＳＮＳに振り回されることなく、複数の確かな情報収集先を選択できるようにしておくことが大切です。以下に災害前後に活用できるアプリのうち代表的なものを紹介します。

〈Ｙａｈｏｏ！防災速報〉
緊急地震速報や津波予報、噴火情報、土砂災害情報などさまざまな災害が発生したことを瞬時に知らせてくれる防災アプリです。プッシュ通知でいち早く情報を入手できるので、災害発生時の行動判断に役立ちます。地震などの災害だけでなく、豪雨の情報も知らせてくれるため、台風や集中豪雨にも早めに備えることができます。天気予報をチェックしていなくても、雨が降る前に知らせてくれる機能もあります。

〈NHK ニュース・防災〉

災害発生後は、指定避難所などへ避難すべきか、在宅避難するべきかなど、「自身や家族が何をすべきか?」という判断が必要になります。このアプリは判断材料となる情報をライブ映像で確認でき、災害状況を把握しながら行動するのに役立ちます。災害の詳細情報や発令されている警報・注意報や地震速報などの関連情報をリアルタイムで知ることができるのがポイントで、GPS機能を使用すれば、現在地の災害状況や警報などのチェックも可能です。外出先でも、常に自分の居場所に応じた対応を考えるのに有用です。

〈ゆれくるコール〉

気象庁が発表する緊急地震速報(予報)をもとに、利用者が設定した地点の揺れを計算し、推定震度と予想到達時間を通知するサービスです。緊急地震速報アプリの先駆け的な存在で、２０１９年秋からは気象庁が提供する大雨災害による危険度通知への対応もスタートしています。

〈全国避難所ガイド〉

外出先などで大規模災害が発生したら、まずは近くの避難所に逃げ込むことで、情報収集ができるうえに安全性も高まります。このアプリは現在地周辺の避難所をオフライン状態でも表示してくれる防災マップが確認でき、さらに避難所までの距離や避難所の画像なども表示されるので、迷わずにたどり着くことができます。避難所の位置だけでなく、建物の倒壊による二次災害の危険性の少ない大規模公園を含む「避難場所」や、高台に設けられる「津波避難施設」なども表示され、適切な避難場所選びができて便利です。避難所などの場所を表示すると同時に、浸水想定区域や土砂災害警戒区域を示したハザードマップなどの防災情報も収録されているため、避難所までの移動ルートが安全かどうかを確認することもできます。

〈ｒａｄｉｋｏ（ラジコ）〉

スマートフォンやパソコンでラジオを聴くことができるアプリです。バックグラウンド再生に対応しているので、ほかのアプリで災害情報をチェックしながら、耳からも情報を入手することができます。地元局だけでなく、全国ネットの局が聴取できるのも特徴で、災害時に地元のラジオ局が機能しなくなったとしても、全国放送で最新情報を入手できます。さらにプレミアム会員（有料）に登録すれば、自分が住む地域以外のラジオ放送も聴けるようになります。

上記以外にも、たくさんの防災アプリが提供されています。そのほとんどが無料ですので、あらかじめ入手して使ってみることをおすすめします（巻末「資料編」参照）。

6．避難放棄ペットを出さないために

❶日頃からの取り組み

過去の自然災害では、避難所にペットを連れて入れず、やむなく自宅に残したまま避難する人が多くいました。取り残されたペットのことを「避難放棄ペット（あるいは放置ペット）」と呼んでいます。

では、避難放棄ペットを出さないために飼い主ができることは何でしょうか。まず、毎年行われる避難訓練などにペットを連れて参加し、ペット同行・同伴避難の必要性を訓練主催者や避難所運営管理者などに理解してもらえるよう働きかけましょう。同時に、避難所で迷惑とならないための配慮がとても重要になります。

内閣府の中央防災会議は「防災基本計画」を出しています。そこでは、動物愛護管理法に基づき、避難所においても清潔で安全、かつ飼い主とともに避難生活を継続できる適正な飼養環境をつくることや、応急仮設住宅におけるペットの受け入れを求めています（巻末「資料編」参照）。在宅避難、車中避難、避難所生活（同伴避難）の飼養環境を考え、ペットと一緒に生活するために必要な避難準備を家族で計画しておきましょう。

❷飼い主が自宅にいるとは限らない

大地震の発生時に飼い主が自宅にいるとは限りません。自宅から遠い職場や学校、出張先などで被災し、数日間帰宅できない場合、ペットの安全確保をどのようにすればよいのでしょうか。ペットの防災に関するワークショップでも、飼い主不在時の危機について以下のような話題があがります。

・地震によって、ペットがいるケージにタンスなどの家具が倒れてきたらどうなる？

・自宅が火災になったら、屋内のペットはどうなる？
・大雨で近くの川が氾濫して家屋が浸水したら、1階のケージにいるペットはどうなる？

不在時の構えとして、ケージのドアをロックしておくか、あるいはロックせずに、ペットが自由に出入りでき、いざというときは自ら家の中の安全な場所に逃げられるかによって、命の危険度が変わってきます。もちろん、動物種によっては自由な行動を実現することは難しいですし、住宅環境や家族の事情などによってもペットの在宅状態が決まってきます。しかし可能であれば、ケージの中に閉じ込めた状態で留守番させるのではなく、家の中で自由に避難できる状態をつくってあげてほしいと思います。

自宅の近くに親戚や信頼できる友人などがいるなら、鍵を預けておいて、非常時の対応をお願いしておくことが有効です。さまざまな被災状況を予測し、具体的なバックアップ手段を可能な限り整えておく必要があります。

❸マイクロチップの装着

マイクロチップは、直径約1〜2ミリ、長さ約8〜12ミリの生体適合ガラスのカプセルで包まれた電子標識器具です。内部はＩＣチップ、コンデンサ、電極コイルからなり、チップには世界で唯一の15桁の数字が記録されています。この番号を専用の機械で読み取ることで個体を識別します。

動物愛護管理法の改正により、２０２２年6月1日以降、犬や猫を販売する者が犬や猫を取得した場合は、販売や譲り渡し前にこのマイクロチップを装着し、環境大臣の登録を受けることが義務づけられました。地震などによって迷子になったとしても、マイクロチップの番号から飼い主がすぐにみつかる可能性が高まるといった利点から規定されたものです。

装着時に特別な痛みはなく、日常生活においても体に負担がないため、ウサギやハムスターといった哺乳類、鳥類、爬虫類、両生類、魚類などほとんどの動物に装着できます。迷子対策としてかかりつけの動物病院に相談するとよいでしょう。

別の方法として、ＱＲコードを活用することもできます。個体情報のページにアクセスできるＱＲコードのステッカーを首輪のタグなどに貼っておけば、発見した人がそのＱＲコードから飼い主情報にアクセスできます。

大切なペットが「避難放棄ペット」にならないよう、これらの方法で迷子を防止してください。

7. 熊本地震におけるウサギの被災状況と今後の課題

❶大地震がウサギに及ぼした影響

熊本地震では、2016年4月14日に震度7の前震、4月16日未明に震度7の本震の2度の大きな地震が発生しました（図3）。その後、余震は半年ほどで4000回以上を記録しました。

震災後、筆者（この項目のみ中田至郎が執筆）の動物病院（熊本市中央区出水）では被害状況を記録し、課題を明らかにするため、ウサギのご家族に対しアンケート調査を実施しました（回答数＝70件）。なお、注意すべきは、本調査がすべての被災の実態を反映しているわけではありません。地域、震源地からの距離、発生時

図3：熊本地震で被災したウサギ飼育者の部屋の状況

刻、季節などにより、違った結果になる可能性に留意してください。この調査では、家具の倒壊による圧死が1頭、地震に驚き、暴れて骨盤骨折した事例が1頭、その2頭が最も大きな被害でした（図4）。

ウサギの体調面の変化として、「元気がない、食欲・飲水不振」が40％にも上り、「元気・食欲あり」が8％、「特になし、無回答」が52％でした（図5）。

「元気がない、食欲・飲水不振」の具体的な変化としては、主に以下の回答がありました。

・1週間で体重が10％落ちた。
・食事・飲水をせず、トイレもしなくなった（1日）。
・食事の量がぐんと減って、便も小さくなった。
・避難中はキャリーケースの中ではおしっこをせず、ペレットも食べず、プープー鳴いた。
・お腹がゆるくなった。
・スナッフルが悪化した。

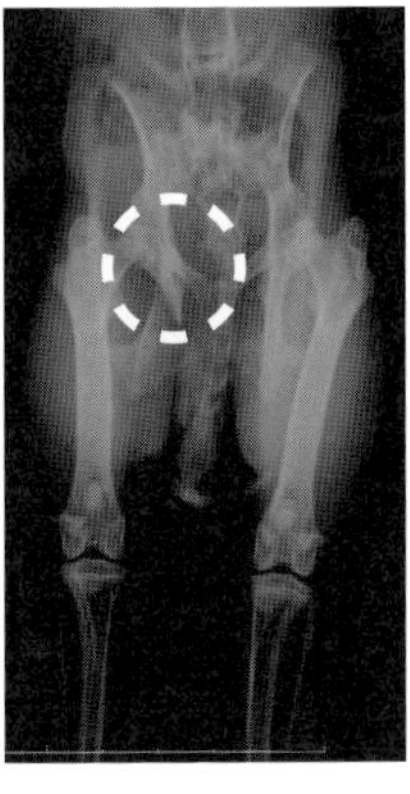

図4：地震により暴れて骨盤骨折したウサギのX線画像

・すごく毛が抜けた。
・車の中に12時間ほどいて少しぐったりした。
一方の「元気・食欲あり」では、「元気・食欲ともに変わらなかった」「牧草もモリモリ食べてうんちも同じ大きさだった」などの回答がありました。

性格の変化として、「神経質になった」が27％あり、「甘えるようになった」が7％でした（図6）。これらは地震そのものだけではなく、付随する環境の変化がウサギに与えた影響と考えられます。
「神経質になった」では、主に以下の回答がありました。
・音に敏感になった。
・大きいトラックが通る音にも反応した。
・地震のアラームにはいつも驚いていた。
・小さな物音にも過剰に反応し、足ダンした（足で床を踏み鳴らした）。

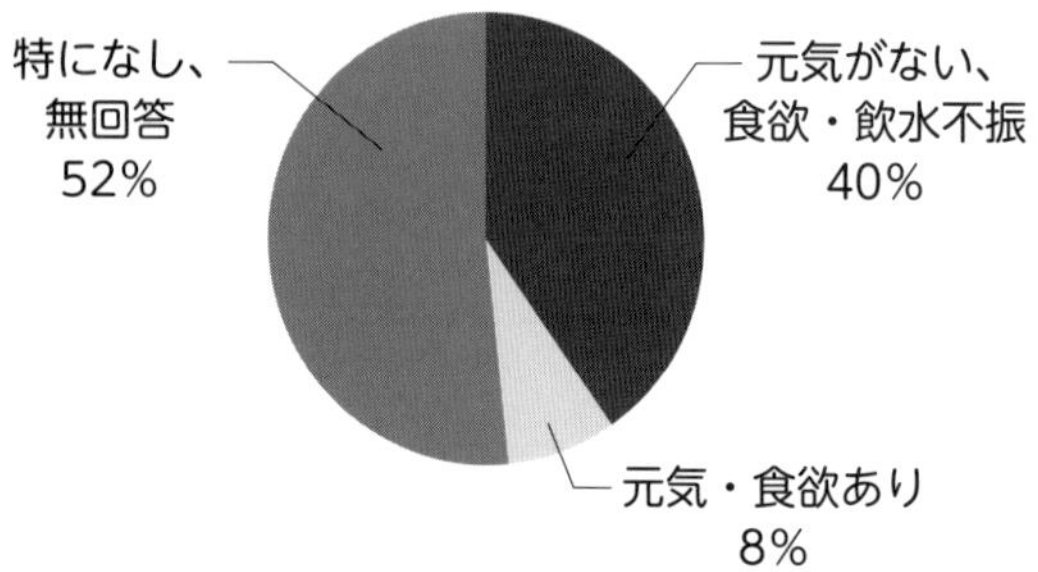

図５：熊本地震後のウサギの体調面の変化

・水を変えようと手を伸ばすだけで足ダンした。
・もともとだが、さらに全力で抱っこを嫌がった。
・ケージの中にいたがり、出たがらなかった。
・出血するほどかまれた。
・家の中で散歩をしなくなった。
・2頭で仲良くすることが難しく、喧嘩が多くなった。

そして、「甘えるようになった」では「とにかく部屋の中でもついてまわってきた」「ペットそっちのけで抱きついて甘えてきた」「ひとりになるのを嫌がった」「人の姿がみえなくなると、起きて待っていた」などの回答がありました。

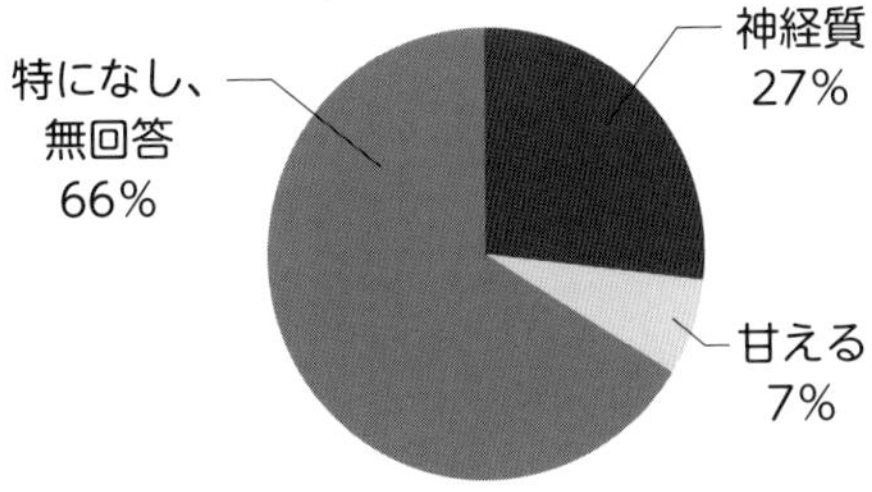

図6：熊本地震後のウサギの性格の変化

❷避難状況

避難においては約60％の人が同行・同伴避難を選択されました。そのほとんどが車中泊（車中避難）であり、そのほかには実家・知人・親戚宅、学校を含む避難所、職場、広場、ビジネスホテルの回答がありました（図7）。注目すべきは、ウサギのために避難しないことを選択した飼い主も少なからずいたことです。これは犬や猫でも報告されていますが、ウサギではさらに高い比率となった可能性が否定できません。

では、避難所の受け入れ態勢はどうだったでしょうか？　ペットとの同行・同伴避難があまり浸透していなかった熊本市では、一律のルールがなかったためか、避難所ごとに対応にかなり差があったようです。実際、避難所内の避難者や医師などが難色を示したことにより、同伴避難を断念した事例がみられました。

一方、同伴避難ができた人の回答には「ウサギの存在が避難者の癒しになった」「ケージに入っていることで受け入れられた」「鳴き声などがないため、受け入

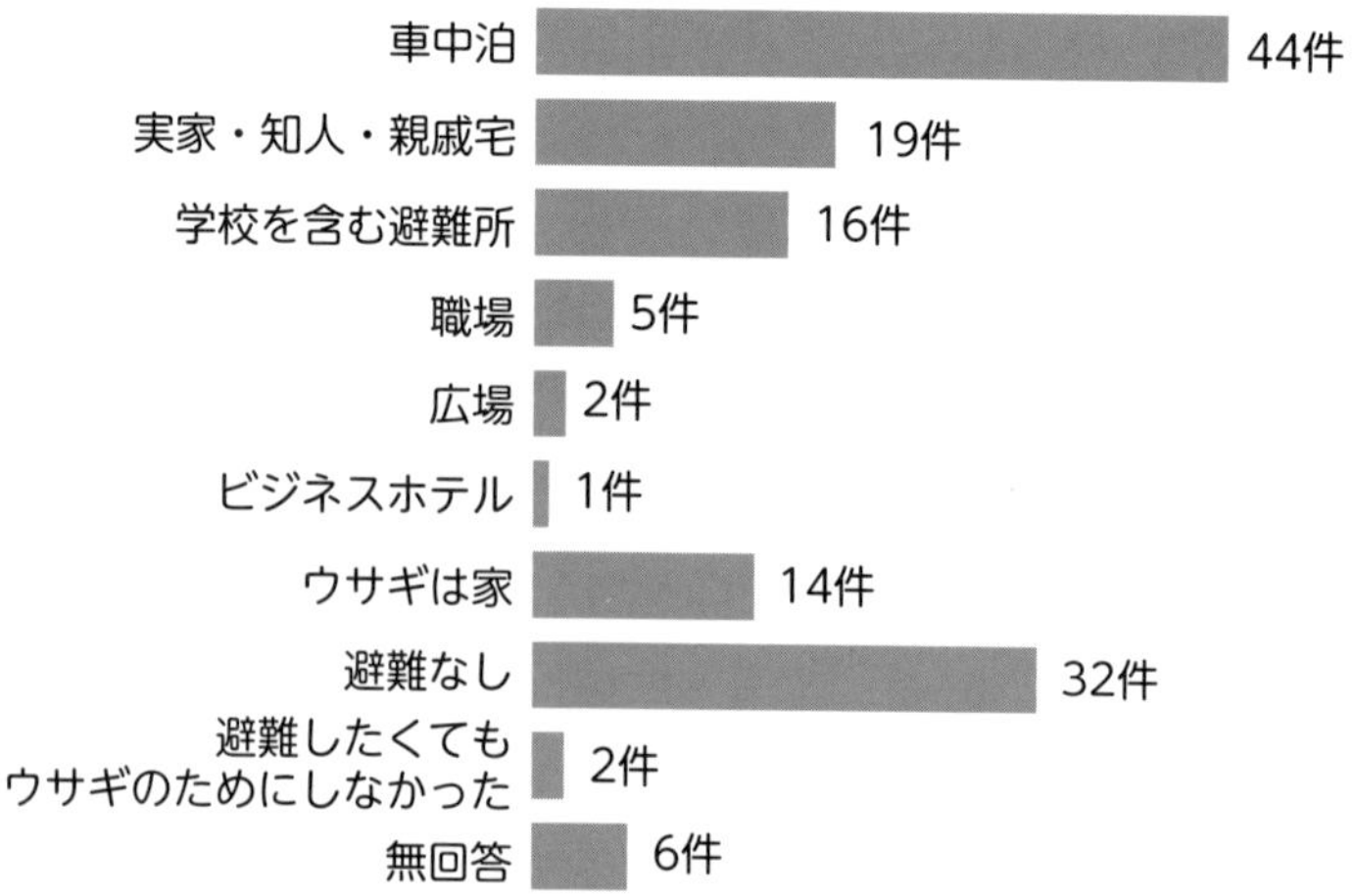

図7：熊本地震後のウサギの避難状況（複数回答可）

れられた」などの理由があげられました。筆者自身も動物病院および自宅が被災したため（図8）、避難所で数日間を過ごしました（図9）。避難所では決められた場所にペットが集められ、飼い主が犬を散歩させたりしていましたが、避難者間でペットの存在によってトラブルになっている様子はありませんでした。

❸被災して困ったこと

困ったこととして最も多かったのは、牧草・ペレットなどフードの確保が困難であったというものでした（図10）。

いつものフードが手に入らない理由としては、「行きつけのショップも被災した」「自身が被災していて買い物に行けなかった」「交通網が打撃を受け、移動やネット購入が困難になった」「流通

図8：熊本地震後の筆者の動物病院内の状況

が始まっても人用の物資が優先された」「送ってもらっても、避難していると受け取ることが難しかった」などがあげられました。家族や友人が県外などにいる場合は、そこで入手したものを運んでもらうことが最も確実な方法だったようです。

次に困ったのは、飲水や掃除に使う水です。熊本は日本でも稀有な地下水供給地域です。そのため、水不足など起こらないものと信じられていました。しかし、地下水ゆえに、地震の揺れで水が濁って汚水になり、地域によっては復旧までにかなりの時間を要しました。また、配給や店にも「お茶はあるが、水はない」との事例がありました。

図9：熊本地震後に筆者が過ごした避難所

ペットを理由としたトラブルは見受けられなかった。

もちろん、ウサギと一緒に暮らすためには、飼い主自身の生活基盤を安定させることが最重要課題となります。さまざまな手続き、しなくてはならないことが山積みとなります。被災した自宅の後片づけもたいへんです。一方、用事や買い物、動物病院などへの移動は交通状況の悪化で困難になります。マンションでは、エレベーターが停止してしまうこともあります。

その他、困ったこととして、主に以下の声が寄せられました。

・車は狭いし、外で遊ばせるのも危なく、窮屈な思いをさせた。
・慣れない車中泊でウサギにストレスが溜まってしまい、かわいそうだった。
・車のエンジン音などがストレスにならないか気を使った。
・これまで室内飼養だったので、外での生活はストレ

図 10：ウサギと被災して困ったこと（複数回答可）

スだったと思う。
・家ではケージの外に1日1~2時間出していたが、避難所ではそれができなかった。
・外に出たくてもウサギを置いていけなかった。
・一時期、食欲が目にみえて落ちた。
・ケージ内で暴れたりするので頭をなでたが、狭い空間なのでたいへんだった。
・そばにいてあげられなかった。
・離れて寝ることに慣れていないため、ストレスが半端ではなかった。
・ひとりぼっちがストレスなのか、環境が変わるほうがストレスなのか悩んだ。
・ペットシーツの買い置きが少なかった。
・ウサギの骨折をみてくれる動物病院を探すのがたいへんだった。
・足裏のソアホック(足裏に起こる皮膚炎)がひどくならないか心配だった。
・預けたが、太って帰ってきた。

❹被災経験からの教訓

このアンケートでは、地域によって避難状況がかなり異なったのに対し、フード・水の確保については一様に「困った」との回答でした。犬や猫でも同様ですが、フード・水の確保はウサギでも課題になります。特にウサギは嗜好性に個体差があり、配給されるフードでは対応できない可能性が高いこと、ペレット以上に大切なのは牧草であること、ウサギは犬や猫よりも多くの飲水量が必要であることから、普段から必要な量の牧草・ペレットと水を飼い主自身で備蓄しておくことが重要です。

熊本ではペットの防災や減災に対する意識が希薄であったのか、徹底された一律のルールが存在していませんでした。しかし、仮にルールが存在していたとしても、犬や猫にくらべウサギは気温の変化にかなり敏感であること、被食動物であるため、捕食者である犬や猫と同じ空間ではストレスが強いことなどから、犬や猫と同じ場所での避難所生活は現実的には難しい面があることを想定しておくべきかもしれません。これらについては、熊本の地域特性としてほとんどの人が車を所有しているため、多くが避難所ではなく車中泊を選択されました。4月半ばであったため、暑くも寒くもなく、雨が多いわけでもなく、比較的過ごしやすかったことが、車中泊をより可能にしたのかもしれません。

被災経験からの教訓については「家族と綿密な計画を立てておくべきだった」との回答もありました。家族や親戚はもちろんですが、飼い主同士のコミュニティがあれば情報を共有できるでしょう。また、「ペットの同行・同伴避難や救済が声高に謳われているものの、その主眼は犬や猫。ウサギはマイノリティであることを自覚し、飼い主自身で避難準備をしておくべき」との声も聞かれ、筆者にとっても貴重な意見となりました。

❺被災後の取り組み

動物病院には医薬品販売会社との流通経路があります。ウサギのフード確保の必要性を実感した筆者は、医薬品販売会社に対し、フードの販売をはたらきかけました。その要請に医薬品販売会社ならびにフードの販売元は理解を示し、今では九州ではどの動物病院もペレットや牧草を販売できる体制が構築されています。ウサギを診療する臨床獣医師として、ウサギのご家族とともに、このような具体的な対策を1つずつ積み重ねていきたいと考えています。

そして忘れてはならないことがあります。震災からの復旧にあたっては、さまざまな地域からボランティアがかけつけてくださいました。作業を終えた夜中にバスの車内で寝ている姿も見受けられました。そのようなさまざまな支援があり、復興を進めることができました。熊本地震を経験した筆者は、すべてのご厚意がペットと人を守り、支えるためにとても大事なことだと実感しています。

TOPIC

エキゾチックペットの捕獲に必要な道具と準備

環境省が2005年3月に公表した「家庭動物等飼養保管技術マニュアル」には、各種エキゾチックペットの分類・品種、形態・習性・生理、飼養上必要な施設・機材・環境、飼い方のポイントと注意点、健康と安全の管理 、飼養者の安全確保、逸走防止などがまとめられています（巻末「資料編」参照）。エキゾチックペットの飼い主は必要最小限の情報として確認しておくべきですが、動物種によっては、かなり専門的な知識があったとしても、ニュースなどで社会問題になる逸走を引き起こしてしまう場合もあります。

そのためエキゾチックペットの飼い主は、最低でも2段階以上の逸走予防措置をとることはもちろんですが、逃げた場合に備え、ペットを傷つけることなく捕まえられる捕獲器、捕獲ネット、投網、食べものによる誘導など、具体的な準備と対策が必要です。

キーポイント

・居住地域にどのような災害の危険性があるのか、ハザードマップを確認しておく。
・フードと水の備蓄に特に注意する。
・避難生活への備えを家族で共有しておく。
・発災直後のペットの逸走を予防する。屋内の逃げ込みそうな場所も把握する。
・発災後の初動、火災への対応、避難場所や経路、方法などを事前に考えておく。
・外出時の発災も想定し、ペットの保護を頼める人をつくっておく。
・迷子対策としてマイクロチップやＱＲコードを活用する。

2 水害・台風への備えと発生時の対応

1. 水害をどうやって予測するか？

❶自治体などの情報を取得しておく

台風、温帯低気圧の接近、大雨による水害は、経路予想や降水確率など具体的な情報を天気予報で知ることがある程度可能です。台風などで避難する際、ペットがいる家庭では避難準備に時間がかかり、行動が遅くなります。身の危険を感じたら、行政から避難指示が出ていなくても、「自身やペットは自ら守る」という考え方で躊躇なく早めに安全な場所へ避難してください。

水害時と地震時の避難場所は異なることがあります。自宅と避難所の海抜や浸水域などを、洪水ハザードマップで確認しておきましょう。なお、対象区域外であれば一切避難しなくてもよいわけではありません。事前予測を上回る災害が発生することも考慮し、危険を感じれば自発的かつすみやかに避難行動をとることが大事です。

警報や特別警報が発表された場合は、その時点での発令状況（避難指示など）に注意し、災害の危険性の有無などを確認することが必要です。また、地下街や地下鉄、建物の地下部分などにいると、大量の水が一気に流れ込んで脱出できなくなることがあります。外出時に水害が発生したら、自身が置かれた状況を把握し、早めに安全な場所へ移動しましょう。気象庁が提供している「キキクル（危険度分布）」で情報を収集することもおすすめします（巻末「資料編」参照）。このサイトでは、防災情報がライブで表示されるため、避難のタイミングを計ることができます。

自治体がホームページやSNSで発信したり、ニュースで報じられる避難指示などの対象区域は、過去のデータなど一定の想定に基づくものです。災害の警戒レベルに応じて避難情報が発令されます。実際には災害が発生しない「空振り」となる可能性はありますが、何も起きなければ「幸運だった」と考える心構えが重要です。

❷避難情報を活用して早めの行動を

ペットと避難する場合、自動車での移動を考える人が多いものです。しかし、水害発生時は思いもよらない場所で道路が閉鎖されていたり、アスファルトが流されていたり、場合によっては迂回できず、途中で車を乗り捨てる必要があったりします。自動車による避難は、渋滞や交通事故、孤立などの状況が発生するおそれがあることを頭に入れておきましょう。

　災害対策基本法（巻末「資料編」参照）の改正により、市町村長が発令する避難情報が２０２１年５月20日から大きく変わりました（図11）。わかりやすく行動に移せるよう見直されています。

　警戒レベル１、２は気象

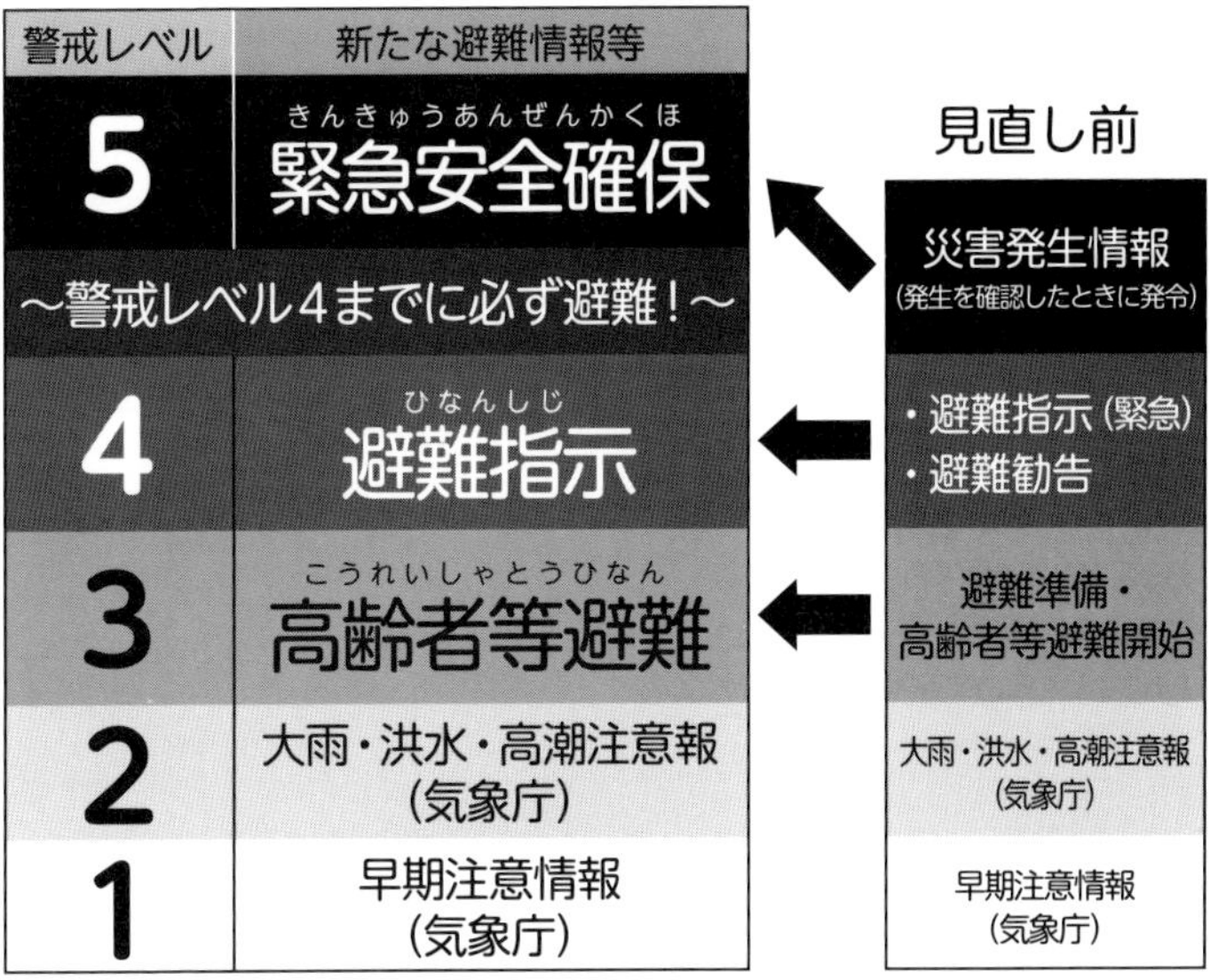

警戒レベル	新たな避難情報等	見直し前
5	**緊急安全確保**（きんきゅうあんぜんかくほ）	災害発生情報（発生を確認したときに発令）
	〜警戒レベル4までに必ず避難！〜	
4	**避難指示**（ひなんしじ）	・避難指示（緊急）・避難勧告
3	**高齢者等避難**（こうれいしゃとうひなん）	避難準備・高齢者等避難開始
2	大雨・洪水・高潮注意報（気象庁）	大雨・洪水・高潮注意報（気象庁）
1	早期注意情報（気象庁）	早期注意情報（気象庁）

図 11：避難を呼びかける５種類の情報

ペットとの同行避難では警戒レベル３「高齢者等避難」の段階で避難を開始する。

庁が発表する早期注意情報、大雨・洪水・高潮注意報の段階で、災害に対する心構えをし、避難行動を確認する段階です。

警戒レベル3～5は市町村長が発令するもので、警戒レベル3「高齢者等避難」は高齢者や障害者、その支援者すべてが避難する段階です。警戒レベル4「避難指示」はすべての人が危険な場所から避難する段階です。そして、警戒レベル5「緊急安全確保」は災害が迫っている、あるいはすでに災害が発生している段階を示しています。警戒レベル5は、安全な場所に避難することが困難で、命が危険な状態を意味します。

従来あった避難勧告はなくなり、警戒レベル4までに必ず避難するよう指示されています。ペットとの同行避難では、警戒レベル3「高齢者等避難」が当てはまると認識し、自主的に（なるべく明るいうちに）避難を開始してください。

2. 水害時の危険

地域の河川が次のような状況なら、すみやかに自治体が定める水害時の指定緊急避難場所へ避難しましょう。

・自宅が流失するおそれがある。
・自宅最上階までの浸水が予測される。
・長時間の浸水の継続が予想される。
・そのほか、自宅にとどまることで命に危険が及ぶおそれがある。

洪水浸水想定区域内に住居があるケースについて考えてみましょう。避難指示などが発令された後、避難すべきかどうか判断できず、逃げ遅れてしまったとします。その後、激しい雨が続くなどの状況で、指定緊急避難場所まで移動することがかえって危険だと思う場合は、「近隣の安全な場所」（河川から離れた小高い場所など）へ移動することも考えます。それさえも危険なら、「屋内安全確保」（居住している建物の最上階、場合によっては周辺建物の屋上などへの移動）をとるなど、状況に応じて早めに対応してください。周辺の建物に避難できるのは、前もって近隣の会社や所有者との申し合わせをしている（許可を得ている）場合に限ります。

自身がいる場所や周辺での降雨はそれほどではなくても、上流域の降雨により急激に河川の水位が上昇することがあります。洪水注意報が出た段階、また上流域に発達した雨雲などがみえた段階で河川敷から離れて、水害の及ばない地域にペットや家族と避難しましょう。浸水が予測されていないエリアであっても、短時間の集中豪雨などによって浸水が発生することがあり、避難指示などの発令が間に合わないこともあります。危険を感じたら、慌てずに避難行動をとってください。

河川の氾濫により浸水が起きれば、水の濁りにより、足下の様子がみえにくくなります。ゴミや樹木、バケツなど、さまざまなものが流れてきます。浸水区域は危険な場所も多いため、逃げ遅れて孤立したなら、基本的には移動しないほうがよいかもしれません。場合によっては、短時間で浸水が解消することもあります。

やむをえず移動するときの注意点として、側溝や下水道の排水が十分にできず浸水していることがあります。マンホールのふたが流されていることもあり、穴に落ちる危険もあります。道路の側溝があふれ、足を取られて転倒することも考えられます。路面の状況や流れる水の深さや勢いをみきわめて、特に水流の強いところには近づかないようにしましょう。

水害により大量の水がマンションなどのし尿槽に流れ込んだ場合、その水圧によって、上階のトイレや風呂場の排水管などから汚物があふれ出す可能性があります。二重、三重にしたゴミ袋などに水を入れて水嚢をつくり、重しとして置くとよいでしょう。水嚢は便器内に入れて、あふれた水の水圧による排泄物の逆流を防ぎます。もしペットが汚水にふれたら、すぐに水で洗い流してください。

キーポイント

・洪水ハザードマップを確認しておく。
・対象区域外＝避難不要ではない。
・ペットとの同行避難では早めの行動を。警戒レベル３「高齢者等避難」の段階で避難を開始する。
・逃げ遅れ、指定緊急避難場所までの移動が危険なら、河川から離れた小高い場所、あるいは居住建物の最上階や周辺建物の屋上などへ移動する。
・自身がいる場所や周辺での降雨はそれほどではなくても、上流域の降雨により急激に河川の水位が上昇することがある。
・浸水区域で逃げ遅れて孤立したなら、無理に移動せず、状況をみきわめる。

3 噴火への備えと発生時の対応

1．日本には100以上の活火山が存在する

世界の活火山（おおむね過去1万年以内に噴火した火山および現在活発な噴気活動のある火山）の約7％（111）が日本にあります（図12）。これらは過去に何度も噴火していて、またいつ噴火してもおかしくありません。九州の阿蘇山が壊滅的な噴火形式である巨大カルデラ噴火を起こしたり、300年以上沈黙している富士山が前回の宝永噴火（1707年）と同規模の大噴火を起こしたら……。私たちの日々の生活を支えるさまざまなインフラが被害を受け、経済的にも大打撃を受けることは間違いありません。

たとえば、富士山が大噴火を起こしたら、噴火口周囲では広範囲に大量の噴石が飛来し、尾根に沿って溶岩が流れてきます。そして、最も広域に被害をもたらすのが降灰（火山灰）です（図13）。噴火により上空1万メートルまで火山灰が吹き上がり、直径0・06ミリの

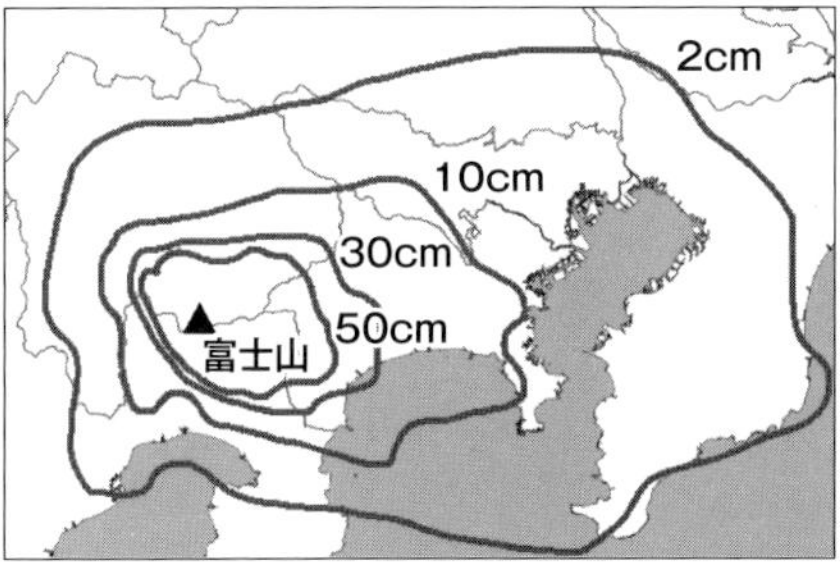

図 13：富士山噴火時の降灰の可能性マップ

1度の噴火でこの範囲のすべてに火山灰が降るわけではないが、かなりの広範囲に及ぶことが予測されている（静岡県の資料より作図）。

図 12：火山分布図

世界の活火山の約7%が日本に存在する。

小さな灰は偏西風に運ばれ、4時間ほどで千葉県あたりにまで到達することが想定されています。ペットも人も火山灰を吸うことで呼吸器系を痛め、息苦しさを覚えることがあるため、マスクの着用が必要になりますが、マスクもすぐに目詰まりすることが考えられています。また、眼も傷つきます。火山灰の鉱物結晶による異物感や鋭い痛み、充血、かゆみを引き起こします。さらに、火山灰は酸性のため、皮膚がふれると、汗と反応して腫れや痛みを引き起こすこともあります。

さらに悩ましいのは、1707年に富士山が噴火したときには、16日間噴火が続いたという記録があることです。次の噴火も1回では収まらない可能性があり、2週間以上の道路交通の支障、公共交通機関の運行不能、発電施設や浄水施設の機能停止といった甚大な影響を及ぼし、火山灰の処理に数カ月を要することが予測されています。停電や断水下でのペットとの在宅避難生活に必要なフードや用品、薬品の備蓄や温度・湿度管理をどうするかが課題になります。万全を期すなら、自身や家族の在宅避難対策として、3カ月分以上の生活必需品を備えておいたほうがよいかもしれません。

どこに何を持ってどのように避難疎開するかを検討しておくことも大切です。全国瞬時警報システム（Jアラート）で富士山噴火が通知されたなら、準備しておいた避難用備蓄品を持ち、ペットと一緒に被災地想定エリア外へ移動して、日常が戻るまでの数カ月間、避難生活を送ることも考えておきましょう。

仕事先など外出中に遭遇することも考えられます。火山灰によって交通機関が停止し、道路も通行止めになり、都心部は帰宅困難者であふれることでしょう。タイミングを逃すと帰宅できない可能性が高まります。徒歩で移動しようにも、火山灰で道路が滑りやすく、さらに先にあげた呼吸器系や眼など人体への影響により極度の困難が予想されます。

また、火山雷にも留意してください。噴火によって舞い上がった水蒸気や火山灰、砂礫などの摩擦による帯電で火山雷が起こりやすくなります。落雷による火災にも注意が必要です。

2. 火山灰の影響と危険度の予測

火山の位置、山の大きさや噴火の規模、地域にもよりますが、一般的に火山灰は偏西風に乗って西から東側に流れ、降灰したエリアにさまざまな影響を及ぼします。降灰による主な影響と危険性として主に以下があげられます。

・火山灰の重みで電線が切れ、停電が起こる。

・水道施設に降灰し、給水に支障が生じる。
・作物に火山灰が積もる。
・日照時間減少で作物が生育不良に陥る。
・川や海に降灰し、水質悪化で生物に影響が出る。
・火山灰の重みで家屋の屋根が崩れる。
・太陽光パネルが損傷する。

❶給水施設

火山灰による水質の汚濁、給水装置の遮断や破損が起きる可能性があるため、水の備蓄が必要です。備蓄量は1日あたり1人3～4リットル以上で、それにペットの必要量を合わせて用意します。火山灰が浄水場へ大量に降灰すると、水道水に混入することになります。火山灰自体の有毒性は低いものの、酸性度が強く、塩素による殺菌効果が弱くなる可能性があるため、飲料水としては不適です。できるだけペットボトルの（汚染されていない）水を備蓄しておきましょう。

降灰時やその後しばらくの期間は、清掃用などで水の需要が増加して水不足となるおそれがあります。可能なら飲める井戸水など、緊急時に飲み水を調達できる手段を準備しておく必要があります。

❷排水施設

排水溝や屋根上の雨どいは火山灰が詰まりやすく、降雨時にあふれてきたり、灰が雨どいに溜まった重さで壊れたりと、雨漏りの原因となります。季節によっては雨漏りした水がカビの原因となって、人とペットの健康障害につながることもあります。過去に噴火した火山の周辺や降灰が想定されるエリアの居住者に限らず、普段から雨どいの掃除や破損などの修理を行っておくことが、火山灰の詰まりの予防になります。

火山灰を大量の水で押し流すように排水溝や下水、雨水管に流してしまうと、灰の質によってはセメントのように固まってしまい、下水処理施設が使えなくなる可能性があります。その結果として、雨水の行き場がなくなり、し尿などの汚水を含んだ下水が道路にあふれて環境を汚染してしまいます。汚水が周囲にあふれていれば、水が引くまでペットを外に出さないのが賢明でしょう。

汚水に足が浸ってしまった場合は、感染や汚物の経皮吸収を予防するため、毛穴を開かないように22℃くらいの冷たい水で洗い流すか、ノンアルコールのウェットティッシュで丁寧に拭いてください。

❸道路

火山灰が厚く積もると、道路が通行不能になり、被災地域への物流が停止するおそれがあります。また、通行できたとしても、降灰や自動車が巻き上げる火山灰により、視界が極端に悪くなって交通事故の危険性が高まります。道路が火山灰に覆われると、センターラインや停止線、横断歩道などの道路標示が視認できなくなります。それにより、運転者が混乱して大渋滞が起こったり、玉突き事故などが発生しやすくなるため注意が必要です。

広範囲に降灰した場合、警察もすぐには事故処理や手信号による交通誘導などの対応ができません。交通の混乱が予想される場合は、車や自転車を使わず、徒歩移動が無難かもしれません。また、火山灰が薄く積もった路面は非常に滑りやすく、ブレーキが利きにくくなります。徒歩移動の際には車の動きに気をつけながら、ガードレールのある歩道や交通量の少ない道を選びましょう。

❹交通機関

火山灰が航空機のエンジンに吸い込まれると、エンジン部品に付着して腐食や破損などが生じます。推進力の低下やエンジン停止をもたらすため、降灰しているエリアでは運航停止となります。

鉄道は軌道上に堆積した火山灰による脱線、導電不良、踏切障害が原因で運行停止することが予想され、駅は帰宅困難者であふれる可能性が高くなります。安全が確保できる場所にいるなら、むやみに動かず待機するべきでしょう。

❺精密機器

火山灰の成分のほとんどはガラス質の鉱石で、尖った結晶質の構造をしています。スマートフォンなどの画面に付着した灰を拭き取ったり、払い落したりするときに擦り傷をつけてしまうおそれがあります。また、コンピュータなど、冷却ファンがついている精密機器の内部に火山灰が大量に入り込むと、修理不可能な故障を引き起こす可能性があります。

3．火山灰への対応と処理

降灰への対応としては、ドアの通風孔やすき間、窓などの開口部に目張りをし、換気扇や室外機など外に通じる部分を閉じて、灰が屋内に入ってこないようにします。小型のエキゾチックペットは犬や猫よりも火山灰からの悪影響を受けます。特に鳥類は呼吸器が弱いため、すぐに肺に障害を起こし、ときに死亡することもありえます。

火山灰を処理するときは基本的に、スコップで灰をすくって、厚手のビニール袋に入れます。作業時は呼吸器系や眼を痛めないように装備してください。まず、火山灰を吸わないように防塵マスクを着用します。防塵マスクがなければ、濡れた布などを鼻と口に当てて頭の後ろで結びます。眼を保護するため、両眼を完全に覆うことができるゴーグルを着用します。コンタクトレンズをつけているなら、結膜炎や角膜剥離を防ぐために外してください。また、静電気が発生しにくい衣服で作業を行います。火山灰の堆積が1センチ以下であれば丈夫なホウキで掃き、1センチ以上積もっている場合はショベルを使います。火山灰は滑りやすいため、屋根上での作業などはより注意が必要です。作業が終わったら、衣服を屋外で脱ぎ、付着した火山灰を屋内に持ち込まないようにします。

日本には111の活火山があると述べましたが、そのうち火山防災のために監視・観測体制の充実が必要な火山は約50あります。ちなみに、関西と四国には活火山はありません。旅行をするなら、事前に気象庁の防災情報を確認してください（巻末「資料編」参照）。活火山に近い場所であれば、宿泊場所の火山防災計画などを調べておくと、万が一の噴火時に対応しやすくなります。

TOPIC

宇宙天気現象

現在、太陽の活動が活発化しつつあります。太陽には活動の周期があり、第25周期極大期では2025年頃（時期についてては予測に幅があります）に大規模な太陽フレア（太陽表面の爆発現象）の発生が予測されています。この宇宙天気現象により、最悪のシナリオでは、各種衛星（通信衛星、放送衛星、気象観測衛星、測地衛星、地球観測衛星、科学衛星）の一部またはすべてに被害を引き起こす可能性があるといわれています。さらに、送電施設のトラブルによって全国レベルの停電など大規模なインフラ障害をもたらす可能性が指摘されています。

身近な危機としては、通信障害による電話回線、WiFi、GPSなどの2週間程度かそれ以上にわたる継続的・断続的な途絶（コミュニケーションの途絶、情報遮断によるさまざまな影響、交通・運航・物流の乱れ）、ATMの停止などが考えられます。この間、停電対策などによって、エキゾチックペットの飼養環境をいかに適切に維持するかも課題になります。

キーポイント

・噴火発生時はできるだけ屋内にいること。
・外出先で事前に降灰情報を得た場合は、すみやかに帰宅する。
・外出先で降灰に遭ったら、その場にとどまる。
・降灰が迫るなか屋外にいる場合は、車や近くの建物などへ迅速に避難する。
・コンタクトレンズを装着しているなら、結膜炎や角膜剥離を防ぐために外す。
・待機中は噴火や清掃などの情報を集め、今後の計画に役立てる。
・部屋の開口部はすべて閉める。火山灰が入り込まないよう換気口や換気扇を閉じて目張りをする。通風孔やドアの隙間には、湿ったタオルやテープを貼って隙間をなくす。
・電源タップや電化製品にはカバーをし、火山灰が除去できるまで外さない。
・雨どいや排水管を排水溝から外し、下水が側溝などに詰まらないようにする。
・排水溝の詰まりを防ぐため、火山灰と水が側溝ではなく、直接地面に流れるように調整する。
・噴火に伴う避難生活は長期にわたる可能性があるため、その備えを検討する。

第4章

EXOTIC PET FIRST AID
FOR EVERYONE, EVERYWHERE

エキゾチックペットの同行・同伴避難

災害時のペットとの同行・同伴避難についての社会的な認識はかなり浸透してきました。しかし、環境省が定めるガイドラインなどで主眼とされているのは犬・猫であり、エキゾチックペットについての記載はほとんどありません（小鳥がわずかにあるのみ）。しかし、災害時におけるケアの程度が動物種によって異なることは動物愛護の基本的な精神に反しますし、飼い主の気持ちにおいても相容れないものです。一方、エキゾチックペット特有の生理や行動などから、犬・猫以上に飼い主としての災害対策が必要なことは致し方なく、情報収集を含めた事前準備はとても重要です。

第４章では発災後の同行・同伴避難と避難所生活における留意点、ならびに避難用備蓄品など具体的な備えを解説していきます。

1 日頃の備え

1. 環境省のガイドラインにはエキゾチックペットの記載がほぼない

環境省は、２０１１年の東日本大震災を教訓に、同行避難を基本とした「災害時におけるペットの救護対策ガイドライン」を２０１３年に策定しました。その後、２０１６年の熊本地震の課題を反映した改定版である「人とペットの災害対策ガイドライン」が２０１８年２月に策定されました。そこには、同行避難を原則としつつも、ペットの救護を中心としたものではなく、被災者となった飼い主がペットをできる限り適切に飼養管理するための自治体などによる支援も盛り込まれました（巻末「資料編」参照）。

ただし、ガイドラインにおいて「ペット」として対象とされているのは、犬・猫、一部で鳥類があるのみです。今後の改定時には、エキゾチックペットについても反映されるよう飼い主が声を上げる必要があります。

そのような背景をふまえながら、エキゾチックペットの避難について解説していきます。

2．避難する前に知っておきたいこと、備えておくべきこと

エキゾチックペットはもともとストレスに弱いため、発災時、地震による揺れの恐怖などで、犬や猫よりもさらに強い心的ストレスを受け、体のふるえや興奮状態が収まらないことなどが想定されます。

在宅避難が困難と判断される状況、つまり飼い主もペットもパニック状態のなか、すみやかに安全な場所へ避難するためには日頃からの備えが欠かせません。必須事項として、ペットと移動するためには、キャリーケースやケージに収容しなければなりませんが、犬や猫の場合は、飼い主の呼びかけに反応し、キャリーケースに入れるようにしておくこと（しつけ）が基本的な事前準備になります。一方、エキゾチックペットでは、しつけはあまり必要性がなく、キャリーケースやケージに慣らしておくこと、つまり、普段から自由にさせすぎるのではなく、就寝時や留守番時はケージに入れて慣れさせておくことが最も重要です。

さらに、地震で家の窓枠が外れて脱走することや、余震で避難所が倒壊して逃げ出す事態などを想定し、ペットの繁殖や野生化を防止するために、犬や猫では原則として不妊・去勢手術を実施しておくことも飼い主としての役割です。不妊・去勢手術には、性的ストレスの軽減、感染症の予防、無駄吠え（犬）などの問題行動の抑制といった効果もあるといわれています。ただし、エキゾチックペットではウサギやフェレットを除き、予防的な不妊・去勢手術は実施されていません。よって災害時または避難時は、飼い主の責任でしっかりと逸走対策をする必要があります。

3. 同行避難と同伴避難

❶ペットとの同行避難は動物愛護の観点からも重要

災害時には何よりも人命が優先されます。しかし近年、「ペットは家族の一員である」という意識が一般的になりつつあることから、ペットと同行避難することは、動物愛護の観点からも重要といえます。そこで、まず「同行避難」と「同伴避難」の定義を確認しておきます（図1）。

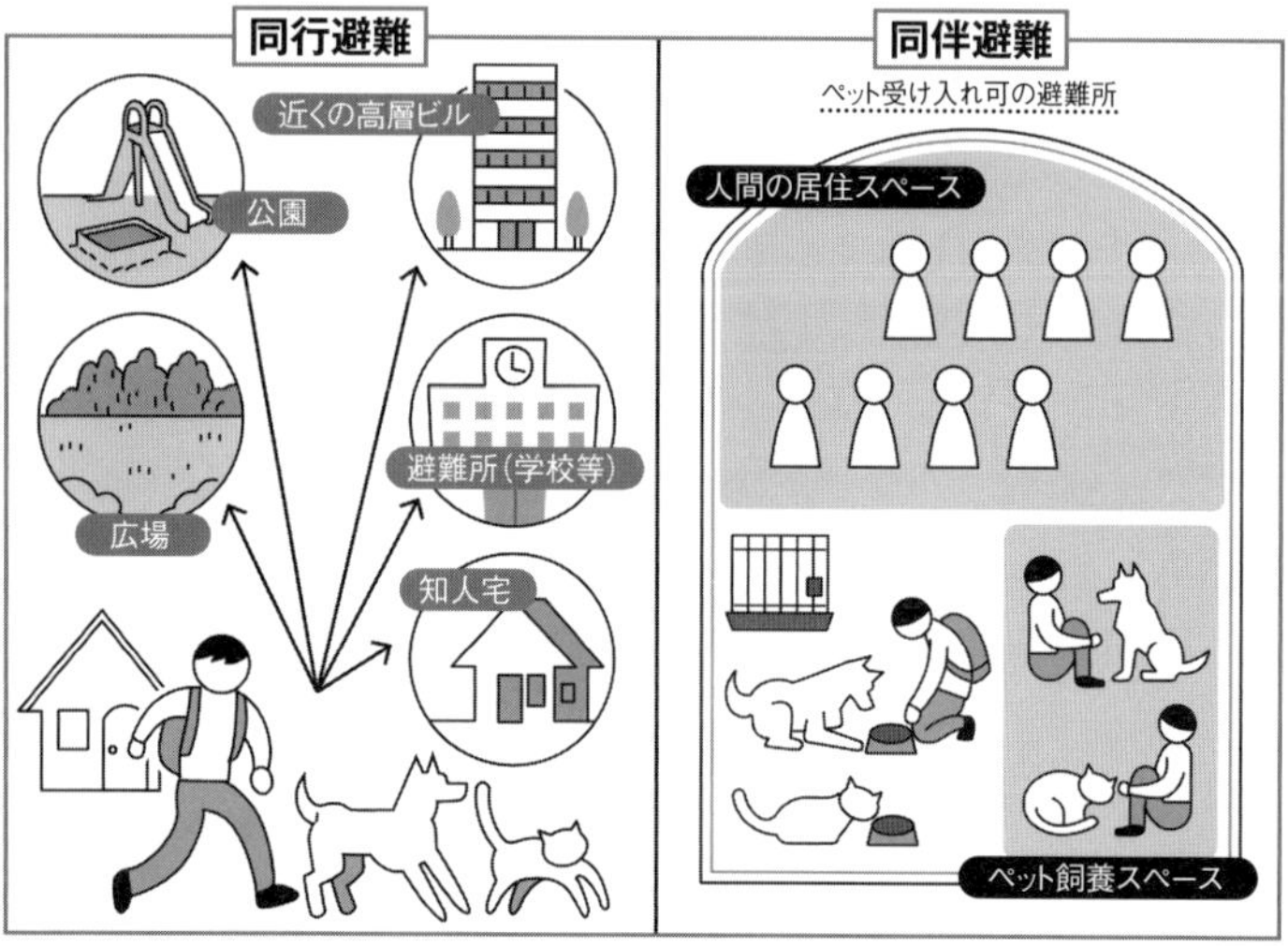

図１：同行避難と同伴避難

同行避難は、危険な場所を離れ、公園や広場、近くの高層ビル、避難所、知人宅など、より安全な場所にペットとともに逃げること。

同伴避難は、被災者が避難所でペットを飼養すること。避難所でのペットの飼養は、避難所が定めたルールに従って、飼い主が責任をもって行うことになる。ただし、個室で飼養できるとは限らない。飼い主と一緒の同伴避難である「同居避難」と、避難所の一角にペットだけの避難場所を設けて飼養管理する場合の２パターンある。

・同行避難…ペットと一緒により安全な場所（指定緊急避難場所や指定避難所）に移動する避難行動。
・同伴避難…被災した飼い主が同行避難後、避難所でペットを飼養管理すること。
＊ただし災害発生時に、飼い主自身の安全が確保されていることが前提。

「人とペットの災害対策ガイドライン」で定められているのは、原則として同行避難です。そして、避難後に同伴避難できるかどうかは、自治体や避難所ごとの判断に委ねられています。さらには、同伴避難といっても、飼い主と一緒の「真の同伴避難」である「同居避難」と、避難所の一角にペットだけの避難場所を設けて飼養管理する場合の2パターンがあります。

実はこのガイドラインにおいて同行避難が原則となった背景には、多くの課題がありました。もともと、同行避難は飼い主に配慮した決まりではなく、過去の災害において同行避難せずに、被災場所に取り残されたり、はぐれたり、放されたりしたペットが放浪することで主に次のような問題を引き起こしてしまったために検討が進められたものなのです。

・不妊・去勢手術がされていない犬・猫の繁殖による野良犬・野良猫の増加。

・野生動物の生活環境（生態系のバランス）への影響。
・災害によって放浪したペットの保護活動に要する多大な労力と時間。
・ペットが負傷し、衰弱・死亡するなどの問題。
・被災地の生活環境の衛生状態の悪化。

これらの事態を防ぐためにも、飼い主の責任として、同行避難が原則として必要となったのです。エキゾチックペットで最も課題となるのは、不妊・去勢手術をしていない動物の逸走による生態系への影響です。特にフェレットは、自然豊かな北海道では登録制（野生化による、生態系の攪乱防止、農業被害の発生防止を目的とした特定移入動物）となっていますが、絶対に逸走させてはなりません。

一方で、同行避難したくてもできなかった事例も多くありました。熊本地震では、実際には同行避難したかったものの、以下のような理由から同行避難を選択せず、ペットを置いていったり、放していったり、かわいそうだからと飼い主自身も避難しない、などの問題がありました。

・連れて行こうとしても捕まらない。
・捕まえようとしても、暴れて無理だった。

・探してもみつからない。

また、「ペットは連れて行けない」「連れて行けるような種類のペットではない」と、飼い主が思い込んでいるケースもあります。しかし、ほとんどのエキゾチックペットに関しては、犬のように「吠え」についての心配はありませんので、（受け入れの可否は別として）同行避難させることにはあまり問題はないかもしれません。

〈同行避難の前に必ずチェックしたいポイント〉

・キャリーケースやケージに入れる（着けられる場合は、名前を書いた首輪や胴輪を装着するが、慣れていないと咬み切ってしまい誤食するなど課題もある）。

・ケージやキャリーケースなどの扉が開いて逸走しないようにガムテープなどで固定する。

・避難用品を持って指定緊急避難場所へ向かう。

〈発災時にペットと離れた場所にいる場合〉

・災害の種類や自身の被災状況、周囲の状況、自宅までの距離、避難指示などに鑑みて、エキゾチックペットを避難させることが可能かどうかを飼い主自身が判断する。
・平時から、留守の際のエキゾチックペットの避難について、家族や地域住民との協力体制を構築しておく。

なお、環境省がまとめた「災害、あなたとペットは大丈夫? 人とペットの災害対策ガイドライン〈一般飼い主編〉」に、ペットとの同行避難の流れ（災害発生から1週間）をまとめたフロー図が紹介されていますので、簡略化したものを**図2**に示します。先に述べたとおり、ガイドラインが想定しているペットは犬・猫、そして鳥類ですが、基本的な流れとして参考にしながら、自身が飼養するペットの条件にあわせて発災後の行動を想定しておきましょう（巻末「資料編」参照）。

エキゾチックペットの同行・同伴避難については、犬や猫での事例と同様に、ほかの人たちとゾーン分けすることで、急性期における一時的な対応が可能だと考えられます。しかし、各自治体で対応が異なるため、事前に問い合わせをしておきましょう。特に爬虫類は、受け入れが困難となるおそれがあります。

あるいは、居住自治体の避難所運営者が動物愛護管理法における飼養管理責任や、動物の健康と安全を具体的に配慮して守る必要があることなどを知らずに運営する場合があります。

一方、動物愛護管理法の規定に基づき策定されている「動物の愛護及び管理に関する施策を総合的に推進するための基本的な指針（動物愛護管理基本指針）」では、地域や関係省庁は災害の実情や種類に応じた対策を適切に行うことができるよう体制の整備を図ること、動物の救護などが円滑に進むように逸走防止や所有明示など所有者責任の徹底、災害時に民間団体と協力する仕組みや地方公共団体間で広域的に対応する体制の整備の推進などが明記されています。

その文章のコピーを所持しておき、根拠法令の提示もなく、避難所の利用や受け入れを拒否された場合は、しかるべき法的責任を求めましょう。

TOPIC

動物のいる避難所が癒しになる？

動物とのふれあい活動を動物介在活動（Animal Assisted Activities、ＡＡＡ）といい、次のような効果が知られています。

・動物が人に与える癒しに代表される「心理的効果」。

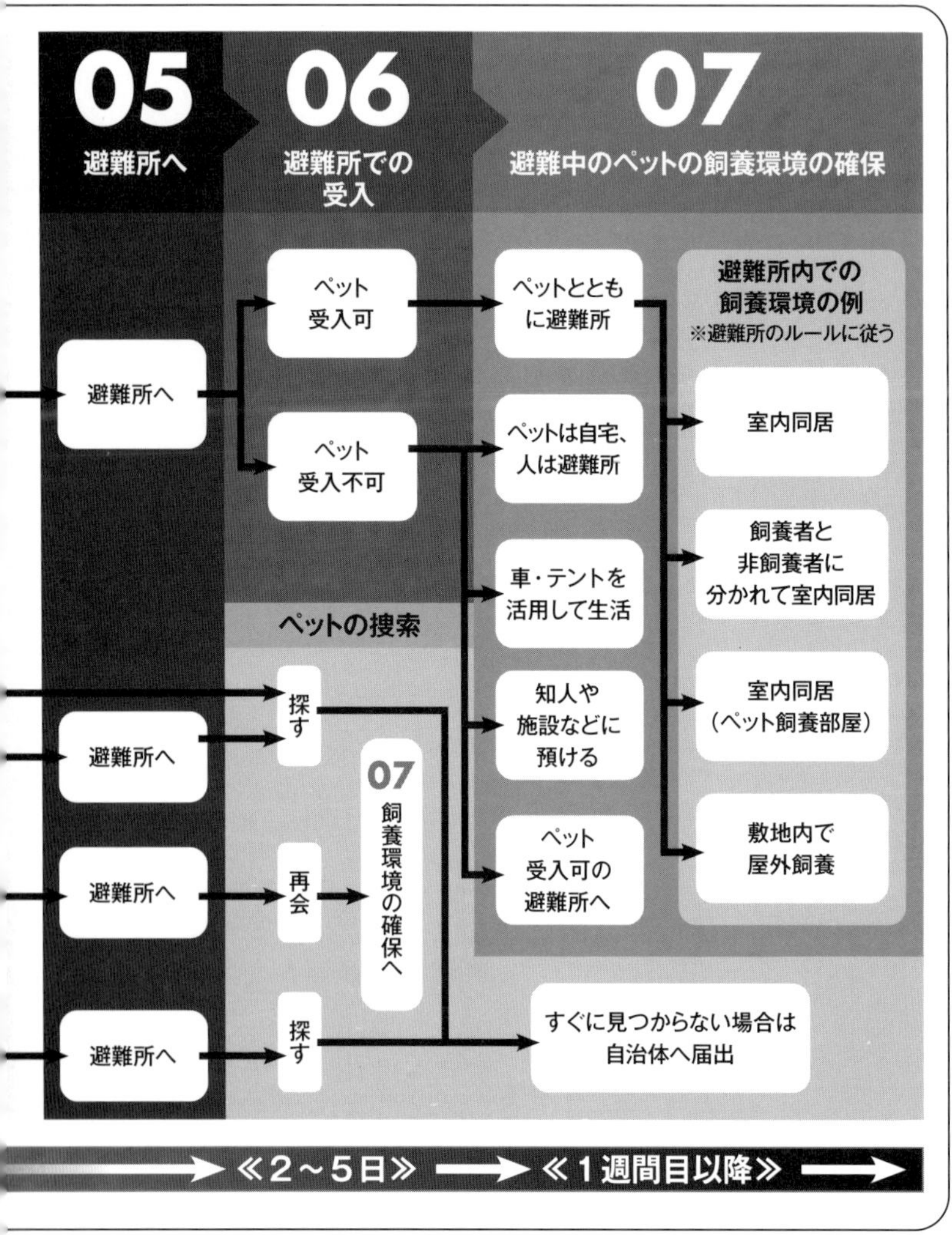
05
避難所へ
06
避難所での
受入
07
避難中のペットの飼養環境の確保
避難所へ
ペット
受入可
ペット
受入不可
ペットとともに避難所
ペットは自宅、人は避難所
車・テントを活用して生活
知人や施設などに預ける
ペット
受入可の
避難所へ
避難所内での
飼養環境の例
※避難所のルールに従う
室内同居
飼養者と
非飼養者に
分かれて室内同居
室内同居
（ペット飼養部屋）
敷地内で
屋外飼養
ペットの捜索
避難所へ
探す
避難所へ
再会
07
飼養環境の確保へ
避難所へ
探す
すぐに見つからない場合は
自治体へ届出
≪2～5日≫
≪1週間目以降≫

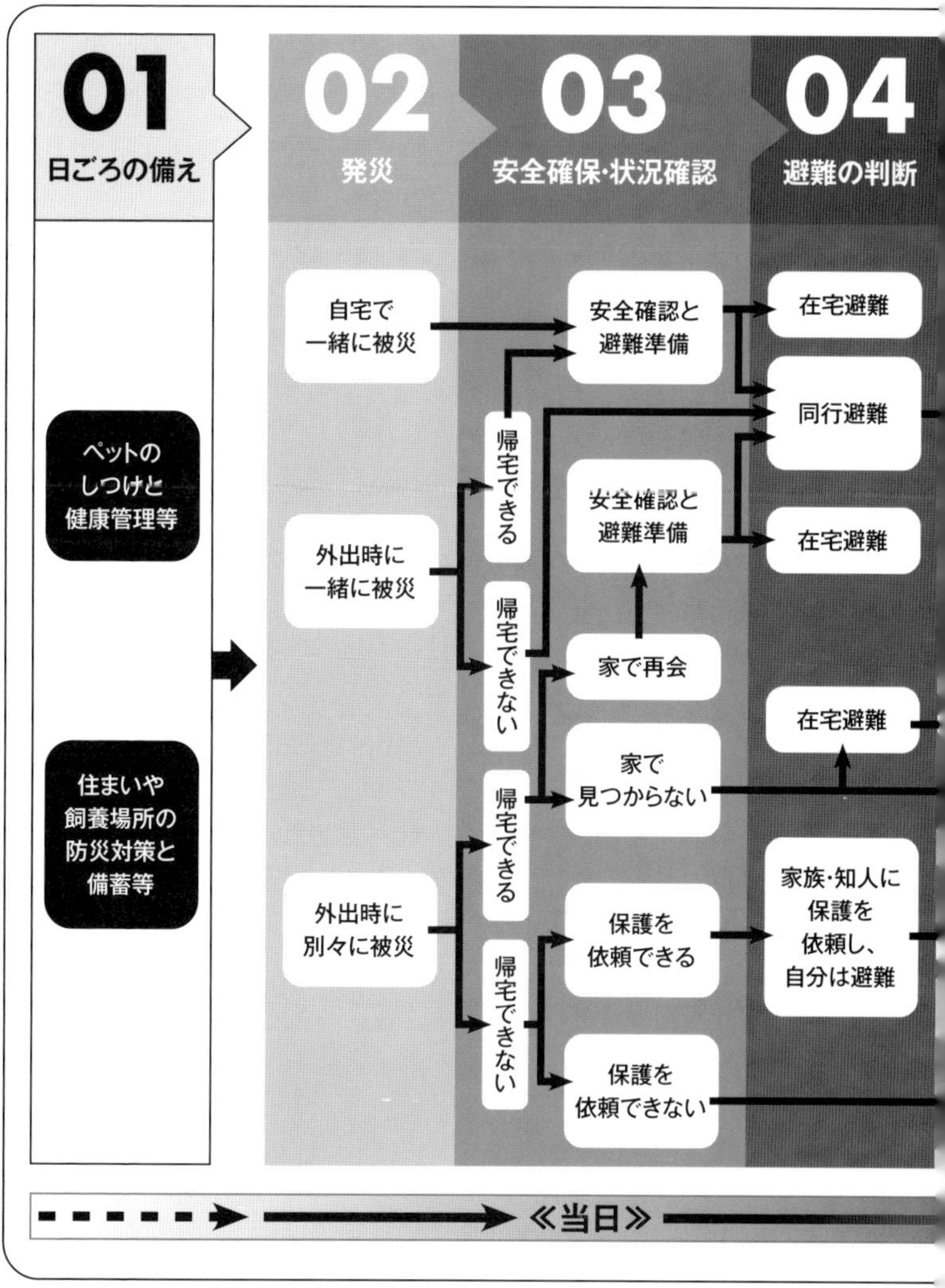

図2：同行避難の流れ（発災から1週間）

「災害、あなたとペットは大丈夫？ 人とペットの災害対策ガイドライン〈一般飼い主編〉」（環境省）より参考として掲載。

・動物をみたり、なでたりすることによる血圧や心拍数の低下。
・ストレスホルモンの低下や幸せホルモンと呼ばれるオキシトシンの分泌を促す「生理的、身体的効果」。
・動物を介して共感性や協調性が生まれる「社会的効果」。
・動物がいることで好ましい環境が得られる「シンボル効果」（動物がいると好きな人が来る、やさしくしてくれるなど）。

これらは対象者の健康寿命の延長や認知症の改善、社会的活動の促進などの効果につながります。また、飼い主とペットが同伴避難していると、互いの精神が安定し、その安堵感が避難生活を好転させることがあります。しかしながら、避難所にはペットを飼っていない人たちも当然たくさんいます。動物に慣れていない人が、動物の声やニオイ、毛の飛散、見た目（特に爬虫類）などに嫌悪感を抱く、あるいは感染症やアレルギーなどを懸念することで、ストレスを感じてしまうことがあります。そういった意味でも、飼い主には同伴避難にあたって大いなる配慮が求められます。さらには、もともとストレスに弱いエキゾチックペットが大きなストレス状態に置かれることも含め、他者との交流は避けるほうが無難といえます。

❷同伴避難の事例

飼い主と一緒に避難所で過ごす同伴避難（および同居避難）の開設事例としては、犬・猫が中心であり、エキゾチックペットに焦点を当てた対策はほとんどありません。実際、第3章の「熊本地震におけるウサギの被災状況と今後の課題」で言及されているとおり、エキゾチックペットにとっては犬や猫と空間を共有することがストレスにつながりかねないため、結局は車内または在宅避難に切り替えたとの声が聞かれます。しかし、エキゾチックペットにおいても当然、同伴避難が求められますので、その実現や対策のために理解しておくべき貴重な情報として、ここでは犬・猫の先行事例を紹介していきます。

〈岡山県倉敷市・総社市のペット同伴避難所開設事例（2018年西日本豪雨）〉

2018年6~7月の西日本豪雨により、多くの家屋が浸水被害に遭った岡山県の倉敷市と総社市には、ペットと一緒に過ごせる「ペット同伴避難所」が数カ所開設されました。

総社市のスポーツセンター「きびじアリーナ」に設けられた避難所では、ペットを連れて避難した住民のために、市職員が隣のサブアリーナにブルーシートを敷き、ペットも一緒に受け入れました。さらに、7月10日午後には総社市役所西庁舎3階の会議室をペット同伴で入れる避難所としました（後日、エアコンが使えなかったため閉鎖）。

岡山県獣医師会では災害後、迅速な対応を進めました。7月15日には、ノミ・ダニ予防、フィラリア予防やペット無料相談を開始し、狂犬病ワクチン、混合ワクチンの無料提供などを巡回健康診断にて実施する支援を展開したのです。

発災から約1カ月後の7月31日には、NPO法人ピースウィンズ・ジャパンの支援のもと、昼間の一時預かりコンテナ「わんにゃんデイケアハウス」が真備総合公園（倉敷市真備町）内に開設されました（図3）。犬用・猫用に分かれた2つのコンテナ内はとても静かで、エアコンが2機設置されるなど、快適な環境が維持されていました。コンテナはガラス張りで、横にはドッグラン（図4）やトリミング用車両も完備されました。獣医師会の往診は損害保険会社のレスキューカー（図5）を会場として実施されました。

最大の避難所の1つで、浸水被害が大きかった、岡山県倉敷市真備町地区の市立岡田小学校では、200名以上の住民が避難生活を送っていましたが、ペットの同伴避難がスムーズに運営されていました。当初は、とても蒸し暑い渡り廊下や階段下に犬が避難していましたが、それをみかねた獣医師が市長に嘆願し、同伴避難のできる体制整備が実現したそうです。同伴避難ができる場所は非飼養者に配慮し、3階奥の2つの教室を利用（図6）。床が汚れないようにブルーシートが敷かれ、エアコンや扇風機を完備することで暑さに弱

図3：真備総合公園内に設置された「わんにゃんデイケアハウス」

図4：「わんにゃんデイケアハウス」横のドッグラン

図5：アニコム損害保険のレスキューカー

図6：岡田小学校のペット同伴避難所

図7：逸走防止ガード（岡田小学校）

図8：二万小学校のペット同伴避難所（同居避難）

いペットにもやさしい環境が整えられ、逸走防止ガードも設置されました（図7）。

また、同町の市立二万小学校には、体育館にペットと同居できる完全な同伴避難所が8月21日に開設されました。仕切られた清潔な区画に10世帯（住民25名、犬9頭、猫4頭）が同居避難していました（図8）。施設内では鳴き声もせず、静かで居心地のよい環境が維持されました。玄関には、消毒薬に加え、ペット専用の汚物処理袋や排泄物置き場、掲示板なども用意され、定期的な申し送りや被災者同士のコミュニケーションが活発に交わせる工夫がされました。さらに、獣医師による巡回診療やペット用救援物資（各種ペットフード、ケージ、毛布、ペットシーツ、除菌用のウェットティッシュ、オモチャ、フードトレイなど）の提供、清掃や炊き出し、警備なども実施されていました。

❸避難中のペットの飼養環境

〈犬・猫の事例（問題点）〉

・避難後しばらくの間、人の救援物資はあったものの、ペットフードの支援は得られなかった。

・避難所で犬が吠えて迷惑をかけるため、やむをえず車中避難を選択した。

・糞便の放置や毛の飛散などが原因で、ほかの避難者とトラブルになった。

・救援物資のペットフードを食べなくて困った。
・同伴避難したが、特定食（療法食など）の入手に苦労した。
・犬がケージに慣れていないため、過度なストレスを与えてしまった。
・犬がペットシーツに排尿・排便せず、苦労した。
・知らない人や場所、動物に慣れないため、どこにも預けることができず苦労した。
・感染症の予防接種をしていないペットが多くいたため、感染が心配だった。

〈エキゾチックペットの事例（問題点）〉
・救援物資のペットフードは犬・猫用ばかりで、エキゾチックペットのものはなかった。
・避難所まで同行避難したものの、犬・猫ばかりの環境での過度なストレスを回避するため、車中避難あるいは在宅避難を選択した。
・当初は同居避難ができていたが、人獣共通感染症やほかの避難者のアレルギーに配慮し、犬・猫と同じ屋外のケージ置き場へ移動した。

現状、避難所の一角に動物だけの避難場所を設けて飼養管理することが多く、ほかの動物と一緒の部屋で、ケージも積み重ねられた状態での避難生活が何日も続きます。また、さまざまな動物が集められた動物救護施設などでは、非日常的な住環境によるストレスによってペットが体調を崩すこともあります。便秘、下痢、嘔吐、食欲不振などの徴候を示すことが、ペット避難所を運営するボランティア団体などから報告されています。いずれにせよ、ペットは普段とは異なる環境に置かれますので、ケージをビニールシートや段ボールなどで囲み、まわりの人や動物をみせないようにし（暗くしてもよい）、できるだけ音を避ける（静けさを保つ）などして、ストレス対策を施しましょう。

なお、環境省の「人とペットの災害対策ガイドライン」では、ペットと同行・同伴避難する際の注意点を次のようにあげています。このガイドラインは犬や猫を主眼に作成されていますが、エキゾチックペットにも当てはまることがあるため、参考として紹介します。

〈避難所での飼養〉

・各避難所が定めたルールに従い、飼い主が責任を持って世話をする。
・飼養環境の維持管理には、飼い主同士が助け合い、協力する。

〈自宅での飼養〉
・救援物資や情報は、必要に応じて指定避難所などに取りに行く（自宅の安全確認を確実に行う）。

〈車の中での飼養（車中避難）〉
・ペットだけを車中に残すときは、車内の温度に常に注意し、十分な飲み水を用意しておく。
・長時間、車を離れる場合は、ペットを安全な飼養場所に移動させる。
＊飼い主はエコノミークラス症候群に要注意。

〈知人宅や施設などに預ける〉
・被害が及ぶ可能性が低い遠方の知人に預けることも検討しておく。
・施設に預ける場合は、条件や期間、費用などを確認しておく。後でトラブルが生じないよう、預かり覚書などを取り交わすようにする。

❹いざというときに助けてくれる存在は？

熊本地震においても、ネットワークの有無が支援の状況に関係しました。日頃からの備えとして、各種協会やSNSグループに入っておくことは、被災地外からのフードや必要物資の提供、支援マッチングなどにつながるかもしれません。なお、巻末の「資料編」に、日本コンパニオンラビット協会、日本チンチラ協会、日本ハリネズミ協会、レプティ（爬虫類コミュニティ）の情報を掲載していますので、参考にしてください。

以上のように、避難所での課題も多いため、ペットとのスムーズな避難生活には十分な備えが重要です。愛するペットのためにも一度、具体的にイメージして、課題を考えてみましょう。

また、環境省から出されている飼い主向けのパンフレット「ペットも守ろう！　防災対策～備えよう！　いつもいっしょにいたいから2～」があります。災害時にペットと一緒に避難するための備えや、避難所などで気をつけることなどがまとめられていますので、それぞれのペットの特徴をふまえながら利用するのもよいでしょう。環境省のホームページで閲覧でき、プリントアウトもできます（巻末「資料編」参照）。

4. 災害時の感染症対策

❶災害時の健康危機管理と感染症

災害時における健康危機管理として最も問題となるのが感染症であり、飼い主として最低限の知識が必要です。感染症とは、細菌、真菌（主に皮膚糸状菌）、ウイルスなどの微生物だけでなく、ノミやダニなどの寄生虫も含まれます。

感染症の予防及び感染症の患者に対する医療に関する法律（感染症法）では「動物等取扱業者は（中略）動物又はその死体が感染症を人に感染させることがないように、感染症の予防に関する知識及び技術の習得、動物又はその死体の適切な管理その他の必要な措置を講ずるよう努めなければならない」としています。ここには動物等取扱業者とありますが、被災時には飼い主も同様に考え、その知識という備えを持つべきでしょう。

しかし、「飼い主は人とペットにうつる病気をほとんど知らない」というデータがあります。「愛玩動物の衛生管理の徹底に関するガイドライン2006」（厚生労働省）によると、動物病院で人獣共通感染症に遭遇する割合は「週に1回以上」が21%、「たまに」を含めると67%に上り、そのうち飼い主への感染を疑ったのは50%以上と比較的高い割合となっています。しかし、飼い主の人獣共通感染症の意識調査では、「よく知っている」が0%、「飼養している動物についてはよく知っている」は1%、「あまり／まったく知らない」が92%と驚くべき結果が出ているのです。

避難所への入所時、犬・猫では予防接種などの確認を受けますが、エキゾチックペットではフェレット以外はありません。フェレットは、犬ジステンパーウイルス感染症にかかると100%死亡するといわれています。また、蚊に刺されて感染するフィラリア症にもかかります。避難生活ではストレス環境のため免疫力が低下しますし、さらに多くの動物と同居するため、ときに感染症が蔓延することも考えられます。よって、フェレットにはフィラリア症も含めた感染症予防を確実に実施し、平時から健康管理に留意してください。

❷災害発生後の衛生面の課題

発災後に生じる公衆衛生上の課題として次のようなことがあり、これらのコントロール（駆除）が感染症対策にはたいへん重要になります。

・人の衛生に危害を及ぼす衛生動物のコントロール（ハエ、ネズミなど）。
・安全な水と食事の確保。
・地域の公衆衛生体制（組織、人員）の立て直し。

・上下水道の整備。
・ゴミ処理のニーズの評価とそれに即した適切な対応。

〈害獣・害虫（衛生動物）は「ハエとネズミ」〉

公衆衛生の課題として、意外に知られていない重要な問題が「衛生動物」です。東日本大震災では発災直後ではなく、約2カ月後にこの問題が目立ってきました。備蓄されていた保存食や水産加工工場で保存されていた魚が腐敗したことにより、ハエやネズミの大量発生が起きたのです。

ハエは腸管出血性大腸菌O157を媒介することもあり、大きな問題となります。ネズミはレプトスピラ症やサルモネラ症、ペストを媒介することもあります。さらに、ネズミの体に付着したツツガムシ、イエダニ、ノミに刺されることで、感染症や皮膚炎などの問題も生じます。ネズミの排泄物内に存在するレプトスピラ菌に汚染された土や水（水中でも生存）で経口感染すると、レプトスピラ症にかかって発熱や黄疸などを発症します。サルモネラ症は、ネズミの排泄物中のサルモネラ菌が人の手や食べものに付着することで経口感染し、急性胃腸炎など食中毒の症状を起こします。

このように災害現場では、ハエやネズミ対策が重要です。加えて、ダニやノミの駆除・

予防も必要になります（犬・猫を含めたほかのペットからうつることもあります）。よって、エキゾチックペットに対して日頃は実施していないノミ・ダニ予防も、災害時には行うかもしれません。その際に注意すべきは、犬・猫用のノミ・ダニ駆虫薬のなかには、ウサギに中毒を引き起こすものがあることです。日頃からかかりつけの動物病院で、自身のペットに使える駆虫薬を相談しておくこともおすすめします。

❸エキゾチックペットからうつる感染症を知ろう

動物から人へうつる病気のことを動物由来感染症（人獣共通感染症と同義）といいます。エキゾチックペットに分類される動物のなかで知られているのは、ウサギやげっ歯類に発生する皮膚糸状菌症が最も一般的ですが、ほかにはレプトスピラ症や野兎病などがあります。小鳥やハトではオウム病やクリプトコックス症、爬虫類ではサルモネラ症などが知られています。また、ペットではありませんが、野生動物では、プレーリードッグやリスの野兎病やペスト、キツネではエキノコックス症などがあります。また、動物由来感染症ではありませんが、フェレットとハムスターにはインフルエンザと新型コロナウイルス感染症がうつることが知られています。

飼い主は自身のペットから人にうつる感染症にはどんなものがあるのかをよく理解して

おく必要がありますし、節度あるふれあい、手洗いによって予防することも大切です。

TOPIC

熊本地震における地域獣医師会の取り組み（犬・猫）

最大震度7を観測した2016年の熊本地震では、発生から6日後の4月20日には熊本市動物愛護推進協議会によって、被災者のペットの飼養状況に関する調査がスタート。5月27日には獣医師会主導による「熊本地震ペット救護本部」が設立され、6月5日には「熊本地震ペット救援センター」も設置されました。この熊本地震ペット救援センターは、ペットの広域避難所として、飼い主不明のペットの長期預かりを実施。迷子や飼養困難となっているペットの飼い主および里親探しも並行して進め、譲渡を開始しました。

また、熊本市動物愛護センター主導で、熊本市動物愛護推進員（ボランティア）の協力のもと、衛生管理や獣医療といった動物福祉の向上に関わる費用を助成しました。これは熊本市が認める、みなし仮設住宅に住んでいる被災者を対象に、「熊本地震動物愛護寄付金に関わるペットの飼い主への助成に関するルール」に基づいて実施されたものです。内容は、①混合ワクチンの接種にかかる費用、②ノミ・ダニの予防または駆除にかかる費用、③シャンプー・トリミングにかかる費用の合計で、1頭につき1万5000円を上限に助成されました。

TOPIC

次のパンデミックを引き起こす可能性も

新型コロナウイルス感染症についての研究論文のほとんどで「パンデミックを起こすウイルスは動物由来である」と警告されています。そして、未知のウイルスは約170万種類と推定され、そのうち約半数が人獣共通感染症になる可能性があるといわれています。

エキゾチックペット愛好家のなかには、日本に輸入が許可されていない入手困難な動物を求める人も存在します。しかし、その1人の違法行為が、ワクチンや治療薬が開発されていない動物由来感染症のパンデミックの危険性を国内ならびに世界に広めてしまう可能性もあるのです。次の社会的混乱を引き起こさないためにも、すべての人が野生動物の違法輸入を1例たりとも「しない・させない・見逃さない」意識を高める必要があります。

近年、国内で注目されている人獣共通感染症として、ブニヤウイルス科のウイルスによる重症熱性血小板減少症候群（SFTS）があります。SFTSはマダニが媒介する感染症で、SFTSウイルスに人が感染すると6日から2週間の潜伏期を経て、発熱や消化器症状（食欲不振、吐き気、嘔吐、下痢、腹痛）が多くで認められます。そのほか、頭痛、筋肉痛、意識障害や失語などの神経症状、リンパ節の腫れ、皮下出血や下血といった出血症状などを起こします。国立感染症研究所の資料によると、日本では2024年1月までに939人の感染例が報告されており、そのうち死亡が104例あります。ペットを介した感染の危険性としては犬や猫だけではなく、マダニはウサギにも寄生するため注意が必要です。

さらに、2024年3月には、日本で初めて人から人のSFTSの感染例が報告され、大きなニュースになりました。今後、より注意が必要になるかもしれません。

キーポイント

・避難に備えて、普段からキャリーケースやケージに慣らしておく。
・災害時の逸走に注意する（不妊・去勢手術が可能な動物は済ませておく）。
・飼い主の責任として同行避難が原則。
・避難所のルールに従い、動物に慣れていない人への配慮を十分に行う。
・ペット用品やフードの救援物資にエキゾチックペット用が含まれることは期待できない。
・避難所で過ごすうえでのストレスを可能な限り低減する（ケージを何かで覆う、できるだけ音を避けるなど）。
・いざというときのためのネットワークを構築しておく。
・人獣共通感染症（動物由来感染症）を含め、感染症の全般的な基礎知識を備える。

2　エキゾチックペットの避難用備蓄品

1．エキゾチックペット用の救援物資は届かないことを前提に

ペットが同伴避難できる指定避難所でない限り、一般の避難所には災害備蓄品としてペット用の物資は含まれていません。これまでの事例では、3～5日以内にペット用の救援物資が届くことが多いものの、すでに述べてきたとおり、それら物資は犬・猫用であり、エキゾチックペット用はほとんど期待できません。

したがって、毎年のように発生する大規模な災害に備え、飼い主自身がペットの種類や頭数に応じた避難用備蓄品をしっかりと準備しておく必要があります。

2. 避難用備蓄品の例

ペット用の避難用備蓄品の用意は、飼い主が行える準備のなかで最も重要ですが、少なくとも5日分（できれば7日分以上）は備蓄しておきましょう。病気があるペットの場合、かかりつけの動物病院が被災して診療できなくなる事態も考えると、薬剤などはさらに長期間分の準備が必要になります。また、人の防災用品と同様に「何がいくつ必要か」の優先順位をつけ、優先順位の高いものは避難時に持ち出しやすいようにキャリーケースやスーツケースなどに入れておきます。

ペットが複数いれば、持ち出す荷物も多くなりますが、災害直後に大きな荷物を抱えての移動は危険ですので、駐車場や倉庫などに保管しておき、いったん避難した後に安全を確認してから持ち出せるようにしておきましょう。

家族などで話し合い、避難時の連絡手段や必要になるもの、持参する物品の選択や役割分担などを事前に決めておいてください。以下にエキゾチックペットの避難用備蓄品の一例を示しますが、決定事項を書き出しておけば、発災時にスムーズな対応が可能になります。

❶優先順位

〈優先順位1（最優先、ペットの健康や命に関係するもの）〉

・水、フード、薬（入手困難なことを想定し、多めに備蓄）。

・キャリーケースやケージ（避難時に欠かせない）。

・慣れた食器（フードトレイ）。

・トイレ用品（ペットシーツ、新聞紙、ビニール袋、ウェットティッシュ、トイレ砂など）。

〈優先順位2（情報に関連するもの）〉

・飼い主の連絡先と飼い主以外の緊急連絡先、預け先。

・ペットの写真（プリントしたもの、携帯電話などに保存したもの）。

・ワクチンの接種状況がわかる証明書（フェレットのみ）。

〈優先順位3（ペット用品など）〉

・ビニールシート（ペットの管理場所での雨風よけやプライバシーの確保に）。

・タオル、ブラシ。

・ウェットタオルや清浄綿（眼や耳の掃除など多用途に使用）。

・お気に入りのオモチャ（洗えるもの）。
・洗濯ネット（保護や診療時に使用。移動時などの逸走防止にも活用できる）。
・ガムテープや油性・水性ペン（ケージなどの修復・補強、ペット情報掲示など多用途に使用。養生テープでも可）。

❷温度管理への備え

エキゾチックペットの多くは温度や湿度管理が大切であり、冬は暖房設備、夏なら冷気を送るものが必要ですが、以下が活用できます。
・携帯用バッテリー（最近は太陽光パネルだけではなく、それに風力発電を組み合わせた蓄電ハイブリッドシステムもあり）。
・電気自動車（非常用電源として使用できる、騒音や排気ガスが出ない、災害時の多くで電気はガソリンよりも調達しやすいというメリットがあり、車中避難ならエアコンが使用できる）。

電気製品が使用できないときは、カイロなどをキャリーケース（ケージ）の下に付けて温めます（保温は下から）。冷やす場合は、冷却マットやアイスパック（保冷剤）、あるいは凍らせたペットボトルをケージの上に置くとよいでしょう（冷気は上から降りる）。

❸避難用備蓄品リスト

避難用備蓄品リストを表1、2に理由とともに示します。これをベースに動物種に合ったものを準備する必要があります。優先順位の高いものは、ペットの健康や命に関係するものです。病気があるペットの場合は特に注意するべきことをかかりつけの動物病院に相談しておく必要があります。次いで各種情報に関連するもの、その他ペット用品などを検討していきます。

さらに、「ペット同行・同伴避難所、仮設住宅入所名簿 兼 登録名簿」（図9）やケージタグ（図10）を用意しておくと、避難所などでの受け入れがスムーズになります。

表１：エキゾチックペット用の避難用備蓄品リスト

◎：必ず入れる　○：入れておいたほうがよい　△：できれば入れるが優先度低い

	優先度	必要な理由	注意点
5日以上の水	◎	脱水が最も怖いため、できれば7日以上（支援物資配給までの期間）	
10日以上のフード	◎	犬・猫だと5～7日以上だが、救援物資の配給はないことを想定し、10日以上とした（できるだけ長く）	10日で届く保証はないので、総合栄養食1袋分を推奨／草食動物は牧草も必要／フェレットは、子猫用のフードが短期であれば代用可能
食器（フードトレイ）	◎	慣れたものがよい	
ケージやクレート、移動用キャリーケース（カート）	◎	避難所ではケージ飼育が多いため必須／移動時に使うキャリーケースにも慣らす	
リード・胴輪	◎（予備）	逸走対策	普段から着ける練習をしておく
排泄物の処理用具（ペットシーツ、ビニール袋など）	◎	ニオイの管理はペットトラブル防止に重要（新聞紙／ビニール袋／ウェットティッシュなど）	チンチラやハムスターは砂が必要
健康手帳	○	迷子対策として個体認識：ペットと飼い主のどちらも確認できる（一緒に写った）写真／必ずペットの特徴をとらえた写真を選ぶ／写真は携帯電話にも保存しておく	予防関連の記録記入／慢性疾患のあるペットでは薬剤などの処方内容も入れておく
緊急連絡先情報	○	飼い主以外の緊急連絡先／避難所以外の預け先などの情報／かかりつけの動物病院などの情報	避難所以外の預け先：親戚、友人・知人宅、かかりつけの動物病院、ペットホテルなど
薬	△（慢性疾患）	慢性疾患がある場合（すぐに処方されないため）／理想的には2週間以上は必要	長期処方できない薬もあるためかかりつけの動物病院に要相談
混合ワクチン（フェレットのみ）	◎	被災時、避難所、シェルターなどでの犬ジステンパーウイルス感染症の予防	ワクチンアレルギーの場合、かかりつけの動物病院に要相談
各種寄生虫予防（フィラリア、ノミ、マダニなど）	◎	避難所・シェルターなどでの寄生虫感染予防	
マイクロチップ	◎	迷子対策として個体認識	日本獣医師会などに飼い主と動物情報を登録
定期的なグルーミングやシャンプー（フェレット）	○	常に身体を清潔に保つことで皮膚の感染症防止やニオイのトラブル防止になる	ウサギもブラッシングが必要

表2：避難所で重宝するその他の備品（飼い主／ペット共通）

◎：必ず入れる　○：入れておいたほうがよい　△：できれば入れるが優先度低い

	優先度	必要な理由	注意点
タオル	◎	雨天時に有用	
ウェットタオル・清浄綿	○	眼や耳の掃除など多用途に利用可能	
ビニール袋	○	排泄物の処理など多用途に利用可能	
お気に入りのオモチャなどニオイがついた用品	△	ストレス防止	
ガムテープやマジック	△	避難所でのケージの補修／段ボールを用いたハウスづくり／動物情報の掲示など	
各種モバイルバッテリー	◎	携帯電話の充電用として数タイプを用意	
ラジオ	○	情報の取得に有効	
ランタン	○	明かりは生活に必要／心を落ち着かせる	太陽光発電のものがよい／火を使うタイプ（ロウソク含む）は二次災害の危険性があるため避ける
ハトメ付きブルーシート	○	ペットのケージ下に敷くと掃除がしやすい／暑さ対策に有用（日陰をつくる）	
防寒・保温シート／カイロ	△ （時期による）	飼い主とペットの防寒	
保冷剤／遮光ネット	△ （時期による）	飼い主・ペットの暑熱対策	
虫除け用品：皮膚用スプレー／ぶら下げ型	△	感染症予防	
ウイルスまで対応可能な消毒薬	△	感染症予防／ニオイを絶つ	強酸性電解質などの次亜塩素酸系消毒薬が有効
車中泊に対応した備え	△	車の中に敷くブルーシート／車の中に入れられるケージなど	ペットは避難所内ではなく車中泊が多くなるため、その備えが必要

ペットの情報	犬の登録情報	鑑札番号：第　号 注射済票番号：　年度　第　号　市区町村：(　)
	個体識別の有無 マイクロチップ等	個体識別：有・無 個体識別方法（迷子札・狂犬病鑑札・注射済票・その他　） マイクロチップ番号：
	特徴	毛の色や模様、しっぽの長さ、形、耳の形、目の色、鼻の色などの体の特徴や人に対する特性（怖がる、吠える、噛みつく）などできるだけ多く。
	ペット保険	加入会社名： 保険証番号：
	治療中疾病	持病：有 ・ 無 疾病名（　）
	服用薬	無 ・ 有（種類：　） 服用回数（　）
	アレルギー等	無 ・ 有（種類：　）
	動物病院情報 01	動物病院名： 電話番号： 獣医師名：
	動物病院情報 02	動物病院名： 電話番号： 獣医師名：
避難所内の飼育場所 ケージ番号		
その他		

ペット同行・同伴避難所、仮設住宅入所名簿 兼 登録名簿

ペットの写真	飼い主等の写真 ※家族・預かり主・保護者・管理者等	避難所名	
		避難所における登録番号	
入所日および出発地	月　日 自宅・その他（　）		
退所日および行き先	月　日 自宅・その他（　）		
飼い主の情報 または発見者、保護者、預かり者や団体、引き取り者の情報	氏名		
	住所		
	連絡先		
	避難している教室や場所等		
ペットの情報	名前		
	飼育動物の種類	•動物種：犬・猫・その他　種類： •個体数：犬（　）猫（　）その他（　）	
	生年月日	年　月　日（　歳）※不明な場合は推定年齢	
	飼育動物の特徴	•性別：オス・メス　•体重：　kg •品種：雑種・純血種（　） •不妊・去勢の有無：実施済・未実施　•毛色：（　） •その他：（　）	
	予防接種の有無	狂犬病ワクチン接種：無・有（最終接種日：　年　月　日） 混合ワクチン接種（　種）：無・有（最終接種日：　年　月　日） フィラリア予防薬：無・有（投与期間：　月―　月、種類：　） ノミ・ダニ・寄生虫等駆除薬：無・有（最終投与日：　年　月　日） 駆除薬の種類：（滴下式・経口薬・噴霧薬：種類　）	

図9：ペット同行・同伴避難所、仮設住宅入所名簿 兼 登録名簿（犬や猫など全ペット共通）

避難所名	
登録・ケージ番号	
ペットの名前	
動物種	
飼い主名	
飼い主等の居場所	
飼い主等の連絡先	
特記事項	

図 10：ケージタグ（犬や猫など全ペット共通）

キーポイント

・エキゾチックペットでは、救援物資が届かないことを前提に準備する。
・避難用備蓄品は最低でも5日分（できれば7日分以上）準備する。
・避難時の連絡手段や持参する物品の選択（優先順位）、役割分担などを事前に家族などで決めておく（決定事項を書き出す）。
・車中避難を想定する。
・温度や湿度管理が厳密なペットの場合、その方策も考える。
・持病があるペットの場合、薬剤の確保の仕方などを動物病院に相談する。
・情報に関連する準備も忘れずに。

付録

エキゾチックペットの同伴入院

飼い主が長期入院するとなったら、ペットはどうなる?

ここで述べる内容は、動物介在活動として犬でようやく導入が進んできた国内外の事例が中心になりますが、エキゾチックペットの飼い主にも知っておいてほしい将来的な課題として紹介します。

病気やケガなどで入院する際、ともに暮らしているペットが病室でそばにいてくれる……。そんな入院生活が実現したら素敵だと思いませんか?

最近では、ひとり暮らしでペットを飼養する人も増えてきました。その人自身が救急患者として搬送される際、ペットの預け先(親戚や友人、隣近所の知人、ペットシッターやかかりつけの動物病院など)がなければ、救急隊員はどう判断するでしょう。日本でもそういった事例は増えると予想されますが、ペットと一緒に病院まで搬送してもらえるのでしょうか。残念ながら、病院まで同行できたとしても、ペットは病院(病室)には入れてもらえないでしょう。エキゾチックペットではなおさらです。病院側には、ペット同伴での入院を受け入れる、あるいは院内にペットと会える場所を設置したり、管理する仕組みがないのが現状です。

ペットの預け先が確保できる、または動物保護施設が業務時間中なら、飼い主が戻るまで預かってくれるかもしれません。しかし、ペットにとっても飼い主にとっても、突然、何日も何週間も引き離された生活を強いられることは、耐えきれないほど悲しく、寂しい気持ちになることでしょう。

末期がんなどの患者をケアするホスピスや緩和ケア病棟では、ペットを連れてのお見舞いやペット同伴入院を許可する事例が日本でも増えているようです。しかし、一般的にはそれらを認める施設は今のところほとんどありません。なお、動物介在活動に用いられない動物種としてフェレット、爬虫類があげられます。これらの動物種はペット同伴入院が可能な施設であっても、院内に入れない可能性が高いといえます。

では、将来的にペット同伴入院を実現するためには、どのような取り組みが求められるでしょうか。もちろん、どんなペットでも可能になるわけではありません。医師とペットの担当獣医師が連携し、そのための検査や審査が必要となるでしょう。ほかの入院患者の生活や病院スタッフに迷惑をかけないといった条件つきで、同伴入院または院内施設での面会など、ペットと飼い主の接触が可能になるのです。

入院期間中のペットの預け費用が補償されるオプションがついた入院保険も必要かもしれません。実際、ペットの里親募集情報サイトなどをみると、飼い主の長期入院や療養によって、里親を探さなければならない状況に陥った事例がとても多いのです。そのような多面的な視野に立った取り組みが求められます。

ペット同伴入院やペット連れ面会を実現するために

厚生労働省が2023年9月に公表したデータによると、日本には有床診療所が約5730施設ありますが、各市町村に1カ所でもペット同伴入院やペット連れ面会が可能な施設を有する指定病院ができれば、保護や殺処分対象になるペットを減らすことができます。

動物が病院に入るのは不衛生だと、科学的な検査もせずに決めつけている人もいるかもしれません。そのような懸念を払拭する方法として、目にみえない汚れを簡単かつ迅速にその場で数値化して確認できる「ATP拭き取り検査」が活用できます。これは食品製造業に関わる手指や機器の検査に用いられているもので、ATP（アデノシン三リン酸）を測定するものです。ATPは動植物、微生物などすべての生命体中に存在する化学物質です。

それを測定することで、院内施設の衛生環境や医療機器の清浄度（または汚染度）を数値で管理することができます。つまり、ペット同伴入院やペット連れ面会を前提とした院内環境を実現するため、いわば入院環境検査としてこの技術が活用できるかもしれません。

ただし、衛生面がクリアできたとしても、医師や看護師などに危害を加えるおそれがあるなら当然難しくなります。医療スタッフの巡回スケジュールなどを把握し、その時間帯はケージ内に入れておくなどの配慮は必要です。さらには、医療従事者や入院患者のなかには動物が苦手な人もいます。２００９年に千葉県が実施したペット飼養環境調査によると、犬が嫌いな人は県民の約1割で、動物アレルギーの人も同程度いることがわかりました（巻末「資料編」参照）。エキゾックペットに対する苦手意識はそれ以上であることが予想されますので、そうした人たちへの配慮は欠かせません。それらをクリアしたうえで、ペット同伴入院は部分的にですが、実現の可能性があるのではないかと思います。

難しいのは多頭飼養のケースです。病室に何頭も連れての同伴入院や面会は、病院側の受け入れ体制だけではなく、飼い主の体力的にも困難と予測されます。ペット同伴入院が困難で方策がみつからないなら、近くの動物保護施設に預かってもらい、週に何度かでも入院している飼い主に面会できる「ペットミーティングルーム」が病院内に設置されてもよいのではないかと考えます。

ペットがもたらす回復効果

私たちにとってペットは家族です。日々の潤いであり、心を交わし、認め合う関係を築いています。そのかけがえのない家族と離れて過ごす入院生活は、闘病や治療のつらさに加えて、悲しみや寂しさなど心の痛みももたらします。そのような精神的な苦痛は病気やケガの回復に悪影響を及ぼす可能性があります。同様に、ペットも精神的なストレスから何らかの異常をきたすかもしれません。

イギリスではベテラン看護師たちの多くが、「飼い主と一緒にペットが過ごせるよう、ペット同伴入院やペット連れ面会ができる仕組みをつくるべきだ」という意見を表明しています。そして、イギリスの一部の病院ではすでにペットミーティングルームを設置しています。場所や時間を決めて、入院している飼い主とペットが面会できるようにしているわけです。

そのような取り組みは、患者の病状回復に好影響をもたらすことが明らかにされています。「飼養環境や条件が整うなら、同伴入院できるようにしたほうが、患者とペット双方の心身によいことは明らか」との見解を示している病院もあるほどです。

アメリカ・カリフォルニア州の「ロサンゼルスこども病院」では、病気療養中の子どもたちとファシリティドッグの交流を積極的に取り入れていますが、主に以下のような効果が確認されています。

・手術前の不安な気持ちを解消し、勇気づけてくれる。
・子どもの病気に不安を持つ親のストレスを緩和する。
・医師や病院スタッフの気持ちをやわらかくし、笑顔をもたらす。
・痛みと闘う子どもの心のケアに有効。
・血圧、心拍数、呼吸の正常化や痛みの緩和に有効。
・抗がん剤治療を行う患者を励ます。
・ふさぎがちな性格を持つ子どもの心の開放につながる。
・回復への期待と希望の向上につながる。

なお、ファシリティドッグとは、病院で活動するために専門的なトレーニングを受けた犬のことです。小児がんなど重い病気で長期入院する子どもたちとふれあい、絆を深めることで、患者や家族の痛みや心の不安を和らげることを目的に活動しています。関係者の努力により、日本においても徐々に導入が進められており、静岡県立こども病院、神奈川県立こども医療センター、東京都立小児総合医療センター、国立成育医療研究センターですでに活躍しています。

日本の医療現場がペット同伴入院やペット連れ面会を実現するには、さまざまな課題があることは理解できます。しかし、患者の回復という視点からも、イギリスなどのように受け入れ条件を決めて、入院患者とペットが少しの時間でも一緒に過ごせる仕組みを部分的あるいは段階的につくってもらいたいと願います。

加えて、環境省の「家庭動物等の飼養及び保管に関する基準」の一般原則（巻末「資料編」参照）に従い、「終生飼養」を全うするためにも、災害時のペット同伴避難と同様に、ペット同伴入院やペット連れ面会の実現を検討し、一歩ずつでも前進していくことを期待します。

さらには、消防庁にも、ひとり暮らしで身寄りのない救急患者を搬送する必要がある場合は、ペットを放置することのないよう対策を講じてもらいたいと思います。

人と動物のさらなる共生社会の実現に向けてみんなで頑張っていきましょう。

TOPIC

里親プログラムの標準化

日本国内でも、動物保護・愛護団体によって新しい里親プログラムが次々と実践されており、生活をともにするパートナーシップ制度、譲渡を前提としたマッチング制度、旅先で保護動物たちと一緒の時間を楽しむトラベルフレンド制度などが存在します。しかし、団体ごとの参加条件が多岐にわたるため、利用することが難しいといった事情もあるようです。

動物の里親になるための条件を満たしている人は事前登録をしておくことで、全国の動物愛護センター（犬・猫のみ）や保護団体から各種里親制度を受けられるようにすれば、多くの保護動物たちが人との共生機会に恵まれ、健康と安全が守られた環境で幸せに暮らせるのではないかと思います。

以下に参考として、犬・猫を対象とした一般的な〈譲渡条件〉を紹介しますが、譲渡の促進と動物愛護の両面から、内容の改善を求めるさまざまな意見もあります。

〈動物を譲渡する保健所がある地域に住んでいる人〉

・改善に向けた意見…過疎化が進む地域では譲渡機会が著しく減るため、国内はもちろん、海外も含め譲渡条件を緩和するべき。

〈動物を飼養できる経済力がある人〉
・改善に向けた意見…動物種や頭数ごとの試算表を用いて、飼養に関わる初期費用から日常の費用、ワクチンや検査などの医療費など一定の数値を明示することで、動物を飼養する責任者の経済力を明確に評価できる。
〈動物の引き取り手の責任者が成人であること〉
・改善に向けた意見…離婚、結婚、単身赴任などの生活変化によって、動物たちの飼養環境も変わり、動物保護施設に戻るケースも考えられるため、常にふたり以上の成人の飼養責任者を自治体に登録するなどの責任体制が必要。
〈60歳または65歳以上（都道府県によって異なる）の場合、動物を飼養できなくなったときの預け先が確保できる人〉
・改善に向けた意見…人の年齢と動物の寿命を比較しなければならないが、飼い主が60歳以上であっても健康で経済的に問題がなく、飼養環境が整っていれば、譲渡を受けられるようにするべき。それにより、多くの高齢動物の譲渡機会が増える。年齢による一括りの譲渡制限は撤廃するべき。
〈飼養について同居家族全員の同意が得られている（先住動物との関係も含む）〉
・改善に向けた意見…飼養することに対する同意に加え、適正飼養に必要な知識も項目ごとにカリキュラム化し、家族の誰もが最低限の飼養責任と役割を果たせるような継続教育システムが必要。

〈動物の不妊・去勢手術またはこれに代わる確実な繁殖制限措置を行える人〉

・改善に向けた意見…これは犬・猫についての条件だが、エキゾチックペットについては不妊・去勢手術が困難な場合もあるため、隔離による繁殖制限措置や屋外に放さない（北海道ではフェレットの登録制度あり）などの対策計画書の提出を義務化する。

〈ペット可の住居かつスペースなど十分な飼養環境が整っている〉

・改善に向けた意見…不動産会社の賃貸契約に記載されているペット飼養条件については、ほとんどの譲渡団体で確認されているが、転居などによる飼養環境の変更についても報告を義務づける。

〈動物の譲渡前後の訪問調査、指導を受けられる〉

・改善に向けた意見…近年、オンラインでの飼養環境調査や指導、団体によっては獣医師や各種動物事業者による口頭指導などが実施されているが、その譲渡団体やスタッフの労力や時間、コストを軽減するための継続的な支援が必要。

おわりに

私の臨床獣医師としてのスタートは33年前です。その頃は、動物病院に来るのは犬が主であり、猫は少数という時代でした。当然、エキゾチックペットを日常的に診療することは、あまり想定していませんでした。しかし、臨床経験を積んでから動物病院を開業した頃、ハムスターのアニメ作品がブームとなり、その影響で飼い主さんから「ハムスターを診てほしい」と依頼されるようになりました。当時は、診療費をいただくほどの知識や力量がなかったため、ボランティアで対応していました。それが私のエキゾチックペット診療の始まりです。

次第に、ハムスターだけではなく、ウサギや鳥などの来院が増えてきました。それらのペットへの対応は手探りの部分が多々ありましたが、いずれにせよ、信頼して来院してくれる飼い主さんの期待を裏切らないよう、勉強を重ねていきました。今とは違い、日本語で書かれた書物はほとんどありませんでしたので、海外の教科書や論文などを入手して知識を得る日々でした。動物病院を訪れるペットたちに向き合い、数年して自信がついたところで、ようやく正式な診療対象にすることとしました。

エキゾチックペットの医学について勉強するたび、この分野においてはエビデンス（科学的根拠）が大きく不足していることを意識せざるをえませんでした。犬や猫の診療では、EBM（エビデンス・ベースド・メディスン、根拠に基づいた医療）の実践が進められているのに対し、なぜかエキゾチックペットでは経験則で語られていることが少なくなかったのです。そのため、「エビデンスが乏しいのであれば、自らデータを出せばよいのではないか。それにより、診療レベルを犬や猫と同等にしていきたい」と考えるようになりました。その想いを実際の研究に落とし込むことはかなりたいへんな作業ではありましたが、何とか成果を出すことができました。

具体的には、ウサギやフェレットのX線検査における心臓の大きさの正常値などを論文として発表しました。当時、ウサギでは世界初、フェレットでは2報告目だったようです。並行してエキゾチックペット研究会（現・日本獣医エキゾチック動物学会）で研究成果を発表したりしているうちに、理事に推薦され、事務局長、会長を歴任し、現在は監事としてエキゾチックペットの診療レベル向上を目指した活動をお手伝いしています。

動物病院の仕事と並行して、2017年に動物看護師（現在は国家資格の愛玩動物看護師）を養成する大学の教員に着任しました。危機管理学部動物危機管理学科という特色のある学科でしたので、私自身、西日本豪雨や熱海市伊豆山土石流災害などで、災害救助に関するボランティア活動に参加してきました。そして、教育や災害現場での活動に携わるにつれ、災害や危機に強い愛玩動物看護師を育成するために、専門的な学びを深め、何か資格が取れるようにしたいと模索していたところ、サニーカミヤ先生が実施している「ペットセーバー講習会」（犬や猫が対象）に出会いました。ペットセーバーの理念や内容に共感した私は、すぐにインストラクターになりました（現在は動物救護アドバイザー）。

サニー先生とは、このペットセーバー講習会の知識や技術をさらに広めていくべきだと意見が一致し、『ペットの命を守る本』（緑書房、２０２１年）の出版に至りました。この本はペットセーバー講習会の受講者を中心に、とてもたくさんの犬や猫の飼い主さんなどに活用されています。

そのようにしてペットセーバー講習会に関わるようになったある日、サニー先生から「エキゾチックペットに特化したセーバープログラムを構築してほしい」との依頼がありました。「犬や猫だけではなく、すべてのペットが診療対象である」というのが私の考えですから、喜んでその要請を引き受けました。２０２１年にはエキゾチックペットに特化したプログラムができあがり、「エキゾチックペットセーバー講習会」が全国各地で展開されるようになりました。犬や猫を対象とした講習会と同様に、どこの会場もとても熱心な飼い主さんでいっぱいです。

このような経緯のもと、前書と同様に正しい知識や技術の普及を目指してまとめたものが、本書『エキゾチックペットの命を守る本』です。

被災時における飼い主さんの行動は、自助、共助、公助が基本となりますが、公助が届くには時間がかかります。初動においては、自力で何とかする自助、親戚や知人などと助け合う共助が大切であり、特に自助が重要になります。たとえば、第4章で詳しく解説していますが、ペットとの同行・同伴避難時に適切に行動するためには確かな知識が必要です。車中を含む避難所生活においても、自助がきわめて重要です。発災後、おおむね3日もすればペット関連企業や動物保護・愛護団体などから支援が届きますが、エキゾチックペット用のフードや用品はほとんど含まれません。エキゾチックペットにおいては、犬や猫以上に事前準備が必須になるわけです。防災・減災の基本は知識を身につけることです。そのために、本書を十分に活用し、ぜひ大切な家族であるエキゾチックペットの命を助けられるようになっていただくことを願います。

末筆ながら、前書に続き監修の機会をいただいたサニー先生に感謝します。本書では、エキゾチックペットという特殊性から、監修の枠を超え、私が執筆した項目も多々ありましたが、さまざまな意見を交換できたことは貴重な経験となりました。さらに、第3章において熊本地震の貴重なデータを提供していただいた中田至郎先生にお礼を申し上げます。中田先生はウサギの診療に強いベテラン獣医師であり、私自身、とても信頼を寄せる友人でもあります。そして、本書をすばらしい一冊に仕上げていただいた緑書房のみなさまに深謝いたします。

2024年4月　監修者　小沼　守

り込まれているが、ペットに関しての明記はない。

②動物の愛護及び管理に関する法律(動物愛護管理法)

この法律に関する施策を推進するための計画として、都道府県が策定する「動物愛護管理推進計画」に災害時対策が追加されている。そこには、動物愛護推進員についての明記があり、その役割の1つとして「災害時に、国または都道府県等が行う犬、猫等の動物の避難、保護等の協力に関する施策に必要な協力をすること」とされている。動物愛護推進員は、動物への理解と知識の普及のため、地域の身近な相談員として、住民の相談に応じたり、求めに応じて助言するなど、動物の愛護と適正飼養の普及啓発等の活動を行う人のこと。その資格等については、動物に関する識見を有するものとして獣医師、愛玩動物飼養管理士などが例示されている。国家資格化された愛玩動物看護師もその役割が期待される。

また、「動物の愛護及び管理に関する施策を総合的に推進するための基本的な指針(動物愛護管理基本指針)」では、地域や関係省庁は災害の実情や種類に応じた対策を適切に行うことができるよう体制の整備を図ること、動物の救護などが円滑に進むように逸走防止や所有明示など所有者責任の徹底、災害時に民間団体と協力する仕組みや地方公共団体間で広域的に対応する体制の整備の推進などが明記されている。

③そのほかの法律

そのほか災害に関係する法律として、災害時に問題となる感染症の発生を予防し、そのまん延の防止を図り、公衆衛生の向上および増進を図ることを目的とする「感染症の予防及び感染症の患者に対する医療に関する法律(感染症法)」や「狂犬病予防法」などがある。また、被災者支援のための「災害弔慰金の支給等に関する法律」(災害弔慰金、災害障害見舞金、災害援護資金)や「被災者生活再建支援法」(罹災証明書の住宅全壊、半壊等により支援内容が変わる)などもある。獣医師や愛玩動物看護師など、「動物に関する識見を有する者」はこれらの法律にも知悉することが望まれる。

7．その他のペット関連の資料

①アニコム家庭どうぶつ白書(アニコム損害保険)
②犬と猫のマイクロチップ情報登録に関するQ&A(環境省)
③千葉県ペット飼養環境調査(千葉県)
④東京都における犬及び猫の飼育実態調査の概要(平成29年度)(東京都)

①　②　③　④

8．知っておくべき法制度の整備状況

①災害対策基本法

行政機関による災害時対応の法制度は、一般法の「災害対策基本法」となる。政府は「防災基本計画」を定めており、それに基づいて各省庁等において「防災業務計画」を策定している。都道府県や市区町村はその「防災業務計画」も参考にしながら、「地域防災計画」を策定している。

「防災基本計画」には、飼い主によるペットとの同行避難や、避難所での飼養等に関する事項が追加されている。熊本地震をふまえ、2016年には、環境省の「防災業務計画」においても、災害時のペット対策に関する記述が強化された。自治体の「地域防災計画」の策定にあたっては、「災害時におけるペットの救護対策ガイドライン」を参照することも追記されている。それらにより、災害予防が図られているが、災害予防とは、飼い主によるペットとの同行避難や避難所での飼養についての準備など、家庭での予防・安全対策、救護活動の方法および関係機関との協力体制の確立等に関する事項であり、現地での動物救護本部の設置なども含まれる。災害応急対策として、被災したペットの同行避難の把握などの情報収集、被災したペットの保護と収容、避難所および応急仮設住宅等におけるペットの適正な飼養、危険動物の逸走対策、動物由来の感染症対策に必要な措置、フードやケージ等の調達および配分の方法に関する事項などが明記されている。

また、特別法に「災害救助法」がある。こちらは災害時に応急的に必要な救助を行い、被災者の保護と社会の秩序の保全を図ることを目的とし、救助の適応基準、救助の種類、内容、市町村長への職権の委任、ほかの都道府県に対する応援などが盛

⑦ゆれくるコール…高度利用者向け緊急地震速報をもとに、地震発生の情報をプッシュ通知で素早く通知するサービス。緊急地震速報以外にも観測後の震度情報、津波警報・注意報の発表・解除の通知も行っている。
⑧radiko（ラジコ）…全国の民放全99局とNHK、放送大学のラジオ（タイムフリーもあり）を聴くことができるサービス。バックグラウンド再生に対応しているため、ほかのアプリで災害情報を確認しながら、耳からも情報を入手することができる。

5．エキゾックペットの飼養に関連する情報

①エキゾチックアニマルの飼育状況について（環境省）
②家庭動物等飼養保管技術マニュアル（環境省）
③動物由来感染症および同ハンドブック2024（厚生労働省）
④爬虫類の飼育状況について（環境省）

① ② ③ ④

6．エキゾックペットに関する団体など

①一般社団法人日本コンパニオンラビット協会
②一般社団法人日本チンチラ協会（理事長など「ペットセーバープログラム」受講済み）
③日本ハリネズミ協会（理事長など「ペットセーバープログラム」受講済み）
④レプティ（爬虫類コミュニティ）：X（旧Twitter）：@ repty_movie

① ② ③ ④

⑥ハザードマップポータルサイト(国土交通省)
⑦防災情報(気象庁)
⑧わがまちハザードマップ(国土交通省)

① ② ③ ④

⑤ ⑥ ⑦ ⑧

4．災害情報アプリ

災害時の情報収集手段として便利なアプリを一部紹介します。App Store、Google Play などで検索し、スマートフォンに入れておきましょう。

① NHK ニュース・防災…地震・津波・台風などの災害情報、特別警報や警報、土砂災害警戒情報などの防災気象情報を発信するサービス。
②ききくる天気レーダー…近辺地域の雨、降雪や積雪を表示するサービス。
③ Safety tips…観光庁監修により開発された、国内における緊急地震速報や津波警報、噴火速報、気象警報、台風情報、熱中症情報、国民保護情報、避難情報などを通知するサービス。
④全国避難所ガイド…現在地周辺の避難所・避難場所を自動検索し、各種ハザードマップを表示するほか、現在地の防災情報を通知するサービス。
⑤特務機関 NERV…地震・津波・噴火・特別警報の速報や土砂災害・洪水害・浸水害の危険度通知といった防災気象情報を利用者の現在地や登録地点に基づき配信するサービス。
⑥ Yahoo! 防災速報…緊急地震速報や津波、豪雨予報、土砂災害、河川洪水、熱中症、火山、国民保護情報、防犯情報などあらゆる災害の情報をプッシュ通知で配信するサービス。

2．災害時におけるペットの救護対策ガイドライン（環境省）よりエキゾチックペットに応用できる情報を抜粋

①飼い主が備えておくべき対策例

平常時

□ 住まいの（普段の暮らしの中での）防災対策
□ ペットのしつけと健康管理
□ ペットの迷子対策（マイクロチップ等による所有者明示）
□ ペット用の避難用品や備蓄品の確保
□ 避難所や避難ルートの確認等
□ 災害時の心構え

災害時

□ 人とペットの安全確保
□ ペットとの同行避難
□ 避難所・仮設住宅におけるペットの飼育マナーの遵守と健康管理

②迷子にならないための対策例

□ 首輪と迷子札
□ マイクロチップ

③避難訓練でのチェックポイント

□ 避難所までの所要時間の確認
□ ガラスの破損や看板落下などの危険な場所の確認
□ 通行できないときの迂回路の確認
□ 避難所でのペットの反応や行動をみる
□ 避難所での動物が苦手な人への配慮を考える
□ 避難所での飼育環境の確認

④同行避難する際の準備例

□ キャリーバッグやケージに入れる
□ キャリーバッグなどの扉が開いて逸走しないようにガムテープなどで固定するとよい

3．災害情報サイト

①川の防災情報（国土交通省）
②キキクル（危険度分布）（気象庁）
③浸水ナビ（国土交通省）
④通れた道マップ（トヨタ自動車）
⑤日本全国の活火山マップと最新の噴火警戒レベル（国立情報学研究所北本研究室）

資料編

ここでは、本書の読者に知っておいてほしい代表的な資料を紹介します。それぞれの詳細については、スマートフォンやタブレット端末でQRコードを読み込むか、検索エンジンでワード検索して閲覧してください。なお、ここにあげた情報は2024年3月現在のものであり、改正などに伴って閲覧できなくなることもあります。

1．重要な法律や防災のための資料

①家庭動物等の飼養及び保管に関する基準（環境省）
②災害時におけるペットの救護対策ガイドライン（環境省）
③動物の愛護及び管理に関する法律（動物愛護管理法）
④人とペットの災害対策ガイドライン（環境省）
⑤災害、あなたとペットは大丈夫？ 人とペットの災害対策ガイドライン〈一般飼い主編〉
⑥被災ペット救護施設運営の手引き（環境省）
⑦ペットも守ろう！防災対策～備えよう！いつもいっしょにいたいから2～（環境省）
⑧防災基本計画（内閣府）

① ② ③ ④

⑤ ⑥ ⑦ ⑧

【心臓ポンプ理論】
右心室と左心室を直接圧迫することで血流を生み出す（第１章）
【心肺蘇生法】
呼吸や心臓の機能が著しく低下あるいは停止しているとき、主に胸部圧迫と人工呼吸を実施して、命を救うこと（第１章）
【チアノーゼ】
皮膚や粘膜の青紫色変化（第１章）
【同行避難】
ペットと一緒により安全な場所（指定緊急避難場所や指定避難所）に移動する避難行動（第３、４章）
【同伴避難】
被災した飼い主が同行避難後、避難所でペットを飼養管理すること。飼い主と一緒の同伴避難である「同居避難」と、避難所の一角にペットだけの避難場所を設けて飼養管理する場合の２パターンがある（第３、４章）
【避難情報】
避難を呼びかける５種類の情報で、警戒レベル１「早期注意情報（気象庁）」、２「大雨・洪水・高潮注意報（気象庁）」、３「高齢者等避難」、４「避難指示」、５「緊急安全確保」の５段階からなる（第３章）
【避難放棄ペット（放置ペット）】
自然災害時、避難所に入ることができず、あるいは一緒に逃げることができずに、やむなく自宅に放置されるペット（第３章）
【避難用備蓄品】
フードや薬などペットの健康や命に関わる「優先順位１」、情報に関する「優先順位２」、オモチャなどが含まれる「優先順位３」に分けることができる（第４章）
【ペット同行・同伴避難所、仮設住宅入所名簿 兼 登録名簿】
避難所への提出書類。あらかじめ記入しておくと、受け入れがスムーズに進みやすい（第４章）
【マイクロチップ】
世界で唯一の15桁の番号が記録されており、この番号を専用のリーダーで読み取ることで、個体識別ができる（第３章）
【ワクチン】
１回感染すると２回目以降の感染は発症しづらくなるという生体の免疫システムを利用して、感染症を予防する方法（第２、４章）

用語集

【感染症】

細菌・真菌・ウイルスなどの微生物や寄生虫により起こる疾患（第４章）

【救命の連鎖】

ペットの命を救うための一連の行動。１つ目の輪「安全と反応確認」→２つ目の輪「搬送手段（タクシー）と動物病院の手配」→３つ目の輪「一次救命処置（心肺蘇生法）」→４つ目の輪「動物病院への搬送」→５つ目の輪「動物病院への引き継ぎ」で構成される（第１章）

【胸郭ポンプ理論】

胸郭を陰圧にすることで胸腔内圧を上昇させる。それにより動脈が圧迫され、その血管内の血液を全身に送り出す（第１章）

【胸部圧迫を実施する際のポジション】

樽型の動物は仰臥位、樽型ではない動物は側臥位で実施する（第１章）

【ケージタグ】

避難所にてケージに貼り付けるタグ。ペットの名前、飼い主名など基本的な情報を明示するためのもの（第４章）

【車中避難】

避難所の建物内ではなく、主に自家用車内で避難生活を送ること。エコノミークラス症候群の問題がしばしば起こっている（第３、４章）

【在宅避難】

災害時において自宅に倒壊や焼損、浸水、流出などの危険性がない場合に、そのまま自宅で生活を送ること（第３、４章）

【指定緊急避難場所】

災害の危険から命を守るための緊急避難場所。市町村長により、洪水、崖崩れ・土石流・地滑り、地震、津波、大規模な火事などの災害種別ごとに指定される（第４章）

【指定避難所】

避難した住民などを災害の危険性がなくなるまで必要な期間滞在させる、または災害により家に戻れなくなった住民などを一時的に滞在させることを目的とした施設で、市町村長が指定するもの（第４章）

【人獣共通感染症（動物由来感染症）】

人と動物の間で伝播可能な感染症。エキノコックス症、レプトスピラ症などがよく知られている。動物医療で一般的な真菌症には、皮膚糸状菌症、アスペルギルス症、カンジダ症、クリプトコックス症がある。さらに近年、マダニから感染する重症熱性血小板減少症候群（SFTS）も注目されている（第４章）

ての危機管理 , In: 特集 動物看護師として意識を高める！防災・減災についての危機管理 . as. 2018;30(9):9-33.
・医療施設動態調査(令和５年９月末概数). 厚生労働省. https://www.mhlw.go.jp/toukei/saikin/hw/iryosd/m23/is2309.html
・キッコーマンバイオケミファ 医療現場向けATPふき取り検査(A3法). https://biochemifa.kikkoman.co.jp/kit/atp/medical/
・Donnelly L. Pets should be allowed to visit their owners in hospital, senior nurses say. The Telegraph.21 June 2017. https://www.telegraph.co.uk/news/2017/06/21/pets-should-allowed-visit-owners-hospital-senior-nurses-say/
・Hicks K. How to Find Care for Your Pet While Hospitalized. SeniorAdvisor.com. https://www.senioradvisor.com/blog/2017/04/how-to-find-care-for-your-pet-whilehospitalized/
・McKinney M. Why More Hospitals Are Letting Pets Visit Their Sick Owners. February 11, 2014. VETSTREET. https://www.vetstreet.com/our-pet-experts/why-more-hospitals-are-letting-pets-visit-their-sick-owners
・福澤めぐみ編著 . ワーキングドッグ わたしたちの社会ではたらく犬たち . 2023. 緑書房 .

＊ここにあげたもの以外にも多数の文献や資料などを参考にしました。

・Pozza ME, Stella JL, Chappuis-Gagnon AC, et al. Pinch-induced behavioral inhibition ('clipnosis') in domestic cats. J Feline Med Surg. 2008;10(1):82-7.
・避難情報に関するガイドラインの改定（令和３年５月）. 内閣府. http://www.bousai.go.jp/oukyu/hinanjouhou/r3_hinanjouhou_guideline/
・新たなステージに対応した防災・減災のあり方. 2015. 国土交通省. https://www.mlit.go.jp/common/001066501.pdf
・日本の活火山分布図. https://gbank.gsj.jp/volcano/Quat_Vol/act_map.html
・降灰の可能性マップ. 静岡県. https://www.pref.shizuoka.jp/_res/projects/default_project/_page_/001/030/190/21_kouhai.pdf
・宇宙天気の警報基準に関する WG, 津川卓也. 宇宙天気の警報基準に関する WG 報告：最悪シナリオ. 2022. 総務省 宇宙天気予報の高度化の在り方に関する検討会（第８回）. https://www.soumu.go.jp/main_content/000811921.pdf
・災害時動物救護の地域活動ガイドライン. 2018. 日本獣医師会. http://nichiju.lin.gr.jp/aigo/pdf/guideline2.pdf
・愛玩動物の衛生管理の徹底に関するガイドライン 2006 －愛玩動物由来感染症の予防のために－. 厚生労働省. https://www.mhlw.go.jp/file/06-Seisakujouhou-10900000-Kenkoukyoku/0000155023.pdf
・水谷哲也. 未知のウイルスを発見し、パンデミックを未然に防ぐ, In: 特集　新興・再興感染症 ウイルス. THE CHEMICAL TIMES. 2023;(1):26-31.
・愛玩動物と新型コロナウイルス感染症について（2020 年 7 月 31 日改訂）. 日本獣医師会. http://nichiju.lin.gr.jp/covid-19/covid-19_file10.pdf
・前田健. まだまだ油断ならない SFTS. 動物臨床医学. 2018;27(1):4-11.
・重症熱性血小板減少症候群（SFTS）. 国立感染症研究所. https://www.niid.go.jp/niid/ja/sfts/3143-sfts.html
・本邦で初めて確認された重症熱性血小板減少症候群のヒト - ヒト感染症例. 国立感染症研究所. https://www.niid.go.jp/niid/ja/sfts/sfts-iasrs/12572-530p01.html
・内田幸憲, 井村俊郎, 竹嶋康弘. 神戸市および福岡市医師会会員への動物由来感染症（ズーノージス）に関するアンケート調査. 感染症学雑誌. 2001;75(4):276-282.
・村田佳輝. 真菌症はこわいぞ！. 動物臨床医学. 2018;27(1):12-14.
・川添敏弘. 動物介在活動・動物介在介入の歴史と展望, In: 特集 新しい学問としての動物看護学. 生物科学. 2018;69(2):97-106.
・杉山和寿. 総論－臨床獣医師の目から－. 動物臨床医学. 2018;27(1):1-3.
・千葉科学大学 履修証明プログラム「災害時獣医療支援人材養成プログラム」配布資料. 2018.
・人と動物の関わりを考える〈後編〉. with PETs. 公益財団法人日本愛玩動物協会. 261. 2018.
・小沼守, 西村裕子, 田口本光. 動物看護師として意識を高める！防災・減災につい

主要参考文献

おおむね本文の掲載順に列記します（資料編に掲載した文献は割愛）。

・サニーカミヤ著，小沼守監修．ペットの命を守る本 もしもに備える救急ガイド．2021. 緑書房．
・ペットテック社．ペットセーバープログラム．https://pettech.net/
・Boller M, Boller EM, Oodegard S, et al. Small animal cardiopulmonary resuscitation requires a continuum of care: proposal for a chain of survival for veterinary patients. J Am Vet Med Assoc. 2012;240(5):540-554.
・平成30年度動物の虐待事例等調査報告書．環境省．https://www.env.go.jp/nature/dobutsu/aigo/2_data/pamph/h3103b.html
・Reducing Demand for Exotic Pets in Japan: Formative Research on Consumer Demand for Exotic Pets to Inform Social and Behavioral Change Initiatives. A Report by GlobeScan Incorporated – December 2021. WWF Japan and TRAFFIC. https://www.traffic.org/site/assets/files/16536/wwf_traffic_globescan_exotic_pets_in_japan_report_20211207_final.pdf
・北出智美，成瀬唯．CROSSING THE RED LINE 日本のエキゾチックペット取引．TRAFFIC REPORT. June 2020. WWF Japan and TRAFFIC. https://www.wwf.or.jp/activities/data/20200611wildlife01.pdf
・感染症パンデミックを防ぐために、緊急に見直すべき野生生物取引の規制と管理～動物由来感染症とエキゾチックペット取引～．June 2020. WWF Japan. https://www.wwf.or.jp/activities/data/20200611wildlife02.pdf
・霍野晋吉，横須賀誠．カラーアトラスエキゾチックアニマル 哺乳類編 第3版．2022. 緑書房．
・Carpenter JW, Marion CJ. Hedgehogs, In: Exotic Animal Formulary, Carpenter JW eds, 4th ed, pp455-475. 2012. Elsevier Saunders.
・霍野晋吉．カラーアトラスエキゾチックアニマル 鳥類編．2014. 緑書房．
・Wehrend A著，浜名克己監訳．最新犬の新生子診療マニュアル．pp40-43. 2010. インターズー．
・Sereno PC, Martinez RN, Wilson JA, et al. Evidence for avian intrathoracic air sacs in a new predatory dinosaur from Argentina. PLoS One. 2008;3(9):e3303.
・霍野晋吉．ハムスター．In: 学校飼育動物の診療ハンドブック．pp36-50. 2000. 日本獣医師会．
・動物由来感染症．国立感染症研究所．https://www.niid.go.jp/niid/ja/route/vertebrata/1481-idsc/iasr-topic/11810-516t.html

「エキゾチックペットセーバープログラム」とは

一般社団法人日本国際動物救命救急協会の「エキゾチックペットセーバー講習会」が提供しているプログラム。ペットテック社(アメリカ)が開発したペットの救命救急・防災対策法「ペットセーバープログラム」をベースとしながら、エキゾチックペットに特化した内容が構築されている。座学だけではなく、心肺蘇生法などについては、ぬいぐるみを用いて実践しながら体得できることが特徴。対象ペットは、ウサギ、モルモット、デグー、チンチラ、フェレット、シマリス、ハリネズミ、ハムスター、フクロモモンガ、小鳥、カメ、トカゲなど。講習会は全国各地で実施されており、主な受講者は飼い主および動物事業関係者。受講者には、同協会から修了証として国際認定資格(名称「Petsaver：ペットセーバー」)が授与される。

〈講習内容〉

1：エキゾチックペットの救急救命隊員(FREP：First Responder for Exotic Pets)
- テーマ…日常時に起こるとっさの事故・ケガなどに対応するためのペットの救命処置や応急処置などを習得する
- 内　容…エキゾチックペットのバイタルサイン／健康観察の仕方／一次救命処置／人工呼吸(マウス・トゥ・ノーズ)／ペットごとの各種心肺蘇生法(CPR)の方法／気道異物除去／日常の予防／動物由来感染症／動物病院搬送の判断基準

2：エキゾチックペットのレスキュー隊員(ERTEP：Emergency Rescue Technician for Exotic Pets)
- テーマ…心身の不調、健康観察、病気の種類と各種救急疾患対応などを習得する
- 内　容…エキゾチックペットの心身の不調を予防する／健康観察の方法・体調変化に早く気づいて対応する／各種ペットの病気の種類／よくある救急疾患対応：呼吸困難、虚脱・低体温、下痢・脱腸、ケガ・出血、発作、足がおかしい、尿がおかしい、中毒、骨折)

開催情報などの詳細は下記の公式サイトで確認できる。
https://exoticpetsaver.com

EXOTIC PET SAVER PROGRAM

著者

サニー カミヤ (Sunny Kamiya)

一般社団法人日本国際動物救命救急協会代表理事／一般社団法人日本防災教育訓練センター代表理事

1962年福岡県生まれ。福岡市消防局のレスキュー隊小隊長を務めた後、国際緊急援助隊員、ニューヨーク州救急隊員として活動。人命救助者数は1,500名以上を数える。アメリカに22年在住し、現在はアメリカ国籍。2013年より再び活動拠点を日本に移し、リスク・危機管理、防災、防犯、各種テロ対策コンサルタントなどの活動を行う。さらには「助かる命を助けるために」をテーマに、ペットの救命救急法（ペットセーバープログラム）の講習を日本全国で展開。ペットの飼い主や消防士などに、日常事故や自然災害時における実践的な動物愛護と保護に向けた取り組み、および飼い主とペットの「生命・身体・財産・生活・自由」を守るための防災教育の普及活動を行っている。NHK「逆転人生」などメディア出演多数。著書に『ペットの命を守る本：もしもに備える救急ガイド』（緑書房）、『台風や地震から身を守ろう：国際レスキュー隊サニーさんが教えてくれたこと』、『けがや熱中症から身を守ろう：同』、『交通事故や火事から身を守ろう：同』（いずれも評論社）。

監修者

小沼　守 (Mamoru Onuma) 獣医師、博士（獣医学）

一般社団法人日本国際動物救命救急協会動物救護アドバイザー／大相模動物クリニック名誉院長／ペット健康まもるラボ主宰／千葉科学大学特担教授

1967年埼玉県生まれ。日本大学農獣医学部獣医学科を卒業し、1995年おぬま動物病院（現・大相模動物クリニック）開院。2011年日本大学大学院獣医学専攻修了。2017年から2024年まで千葉科学大学教授を務める。2021年エキゾチックペットセーバープログラムを構築。ペットの災害対策や危機管理、災害救助犬などの社会貢献活動、サプリメントなど機能性食品開発に向けた活動を行っている。東京農工大学非常勤講師、日本捜索救助犬協会顧問のほか、日本獣医エキゾチック動物学会、日本ペット栄養学会などで役員や委員を務める。『ペットの命を守る本：もしもに備える救急ガイド』（監修、緑書房）、『動物病院スタッフのための犬と猫の感染症ガイド』（監修、緑書房）、『めざせ早期発見！ わかる犬の病気』（執筆、インターズー）など著書多数。

イラスト（第1章図14、15、17）…ヨギ トモコ（Tomoko Yogi）

エキゾチックペットの
命を守る本
もしもに備える救急ガイド

Midori Shobo Co.,Ltd

2024年5月20日　第1刷発行

著　者……………………サニー カミヤ
監修者……………………小沼　守
発行者……………………森田浩平
発行所……………………株式会社 緑書房
〒103-0004
東京都中央区東日本橋3丁目4番14号
TEL　03-6833-0560
https://www.midorishobo.co.jp
編　集……………………池田俊之、道下明日香
組　版……………………泉沢弘介
印刷所……………………図書印刷

ISBN978-4-89531-949-2 Printed in Japan